校企合作计算机类技能实战系列丛书
互联网+创新型“十四五”精品教材

AIGC基础与应用

（微课版）

主　编◎林健辉　萧晓栩　刘春霞
副主编◎李　冰　姬景聚　王　欢
边云娜　周鑫海　范寅寅

哈爾濱工程大學出版社
Harbin Engineering University Press

内 容 简 介

本书主要包括 AI 基础篇、AI 绘画篇、AI 摄影篇和 AI 短视频篇四个部分。AI 基础篇主要包括 AIGC 的基本技术、AIGC 的工具与平台、AIGC 的提示词应用；AI 绘画篇主要包括 AI 绘画的创意制作、AI 绘画的绘制技巧、AI 绘画的实战案例；AI 摄影篇主要包括 AI 摄影的基本知识、AI 摄影的生成技巧、AI 摄影的实战案例；AI 短视频篇主要包括 AI 短视频的生成技术和 AI 短视频的实战案例。

本书结构清晰，语言简洁，实例丰富，既可作为应用型本科院校、职业院校、技工类院校的教材，也适合希望借助 AI 软件提高自身工作效率的人员阅读。

图书在版编目（CIP）数据

AIGC 基础与应用 ： 微课版 / 林健辉，萧晓栩，刘春霞主编. -- 哈尔滨 ： 哈尔滨工程大学出版社，2025. 8.
ISBN 978-7-5661-4841-4

Ⅰ. TP18

中国国家版本馆 CIP 数据核字第 2025XW3760 号

AIGC 基础与应用（微课版）
AICG JICHU YU YINGYONG（WEIKE BAN）

选题策划 张林峰
责任编辑 苏 莉

出版发行 哈尔滨工程大学出版社
社　　址 哈尔滨市南岗区南通大街 145 号
邮政编码 150001
电　　话 0451-82519989
经　　销 新华书店
印　　刷 三河市中晟雅豪印务有限公司
开　　本 787 mm×1 092 mm　1/16
印　　张 15
字　　数 384 千字
版　　次 2025 年 8 月第 1 版
印　　次 2025 年 8 月第 1 次印刷
书　　号 ISBN 978-7-5661-4841-4
定　　价 68.00 元
http://www.hrbeupress.com
E-mail:heupress@hrbeu.edu.cn

前　言

党的二十大报告指出，“坚持尊重劳动、尊重知识、尊重人才、尊重创造，实施更加积极、更加开放、更加有效的人才政策”“着力形成人才国际竞争的比较优势。加快建设国家战略人才力量”“深化人才发展体制机制改革……把各方面优秀人才集聚到党和人民事业中来”。

➢ 写作驱动

在人工智能技术日新月异的今天，AIGC 正逐渐成为推动创意产业和内容创作领域革新的关键力量。本书深入探讨了 AIGC 的核心技术、工具平台及其在绘画、摄影和短视频等创意领域的应用，旨在帮助读者掌握 AIGC 的关键知识和实践技能。通过系统的理论学习、丰富的案例分析和实操练习，能推动个人职业发展和产业创新。随着 AIGC 技术的不断进步，本书将成为读者在这一领域不断学习和探索的宝贵资源。

➢ 本书特点

本书主要有以下特点。

（1）全面覆盖：从 AI 基础、AI 绘画、AI 摄影到 AI 短视频，本书全面覆盖了 AIGC 的 4 大关键应用，为读者提供了完整的 AIGC 学习方案。

（2）实战导向：本书不仅理论扎实，而且更注重实战操作。本书中的案例都是基于实际应用场景设计的，确保读者能够学以致用。每一章节都配有详细的案例分析与步骤指导，让读者能够迅速上手。

（3）案例实战：本书中介绍了最新的 AI 技术和工具，帮助读者把握行业发展趋势；还提供了 100 多个实操案例，帮助用户在实际应用中深化理解，提升技能。

（4）资源丰富：本书中含有多组 AI 提示词和多个精心设计的素材与效果文件，以及同步教学视频，这些资源不仅能够帮助读者更好地理解和掌握书中内容，还能激发灵感，促进实践创新。

➢ 作者团队

本书由林健辉，萧晓栩（广州涉外经济职业技术学院），刘春霞（郑州大学）担任主编；由李冰（江西陶瓷工艺美术职业技术学院），姬景聚（西安邮电大学），王欢（郑州大学），边云娜（河北东方学院），周鑫海、范寅寅（西南民族大学）担任副主编。本书的相关资料和售后服务可扫封底微信二维码或登录 www.bjzzwh.com 下载获得。

➢ 温馨提示

❖ 版本更新：本书在编写时，是基于当前各种 AI 工具和软件的界面截取的实际操作图片，但本书从编辑到出版需要一段时间，这些工具的功能和界面可能会有变动，请在阅读时，根据书中的思路举一反三进行学习。其中，剪映 App 为 15.0.0 版本，文小言 App 为 4.2.0.10 版本，智谱清言 App 为 2.6.2 版本，Kimi 智能助手 App 为 1.5.8 版本，即梦 AI App 为 1.1.2 版本，豆包 App 为 6.0.0 版本。

❖ 提示词的使用：提示词也称为关键字、关键词、描述词、输入词、代码等。需要注意的是，即使是相同的提示词，AI 工具每次生成的文案、图片或视频内容也会有差别，这是模型基于算法与算力得出的新结果，属于正常现象，所以看到书里的截图与视频有所区别，包括用同样的提示词，自己再生成时，出来的文案或效果也会有差异。因此，在扫码观看视频时，读者应把更多的精力放在提示词的编写和实操步骤上。

由于编者水平有限，书中难免存在疏漏和不当之处，敬请广大读者批评指正。

编　者

目　录

【AI 基础篇】

第 1 章　AIGC 的基本技术

第 2 章　AIGC 的工具与平台

第 3 章　AIGC 提示词的应用

【AI 绘画篇】

第 4 章　AI 绘画的创意制作

第 5 章 AI 绘画的绘制技巧

第 6 章 AI 绘画的实战案例

【AI 摄影篇】

第 7 章 AI 摄影的基本知识

第 8 章　AI 摄影的生成技巧

第 9 章　AI 摄影的实战案例

【AI短视频篇】

第10章 AI短视频的生成技术

第11章 AI短视频的实战案例

【AI 基础篇】

第 1 章 AIGC 的基本技术

在当今时代，人工智能的飞速发展已经深刻改变了人们的生活方式和工作模式。当人们提及 AI 的广泛应用，不得不关注到一个尤为引人瞩目的领域——AIGC，即 AI 生成内容。那么，究竟什么是 AIGC？它的核心技术有哪些？又是如何影响人们的生活和工作的？本章将讲述这一前沿领域的究竟，揭开其神秘的面纱。

本章重点

- 了解 AIGC 的基础知识
- 了解 AIGC 所产生的影响
- 了解 AIGC 三大应用场景

素质目标

- 培养读者提升对人工智能技术的理解能力，增强数字素养
- 了解 AIGC 的应用场景，能够培养读者将技术知识转化为实际应用的能力

1.1　AIGC 的基础知识

随着科技的飞速发展，AIGC 作为一种新兴的技术力量，正逐渐改变着人们的生活方式和思维方式。本节将从 AIGC 的概念、技术原理及未来展望三个方面，为用户搭建一个全面了解 AIGC 的框架，帮助用户更好地掌握这一领域的关键知识，让用户对 AIGC 有一个清晰、全面的认识。

1.1.1　AIGC 的概念

AIGC（artificial intelligence generated content）指的是利用人工智能技术来生成内容的一种方式。这通常涉及到机器学习模型，尤其是深度学习模型，它们能够创建、编辑或模仿各种形式的内容，包括文本、图像、音频、视频及 3D 模型等。AIGC 定义的关键点如图 1-1 所示。

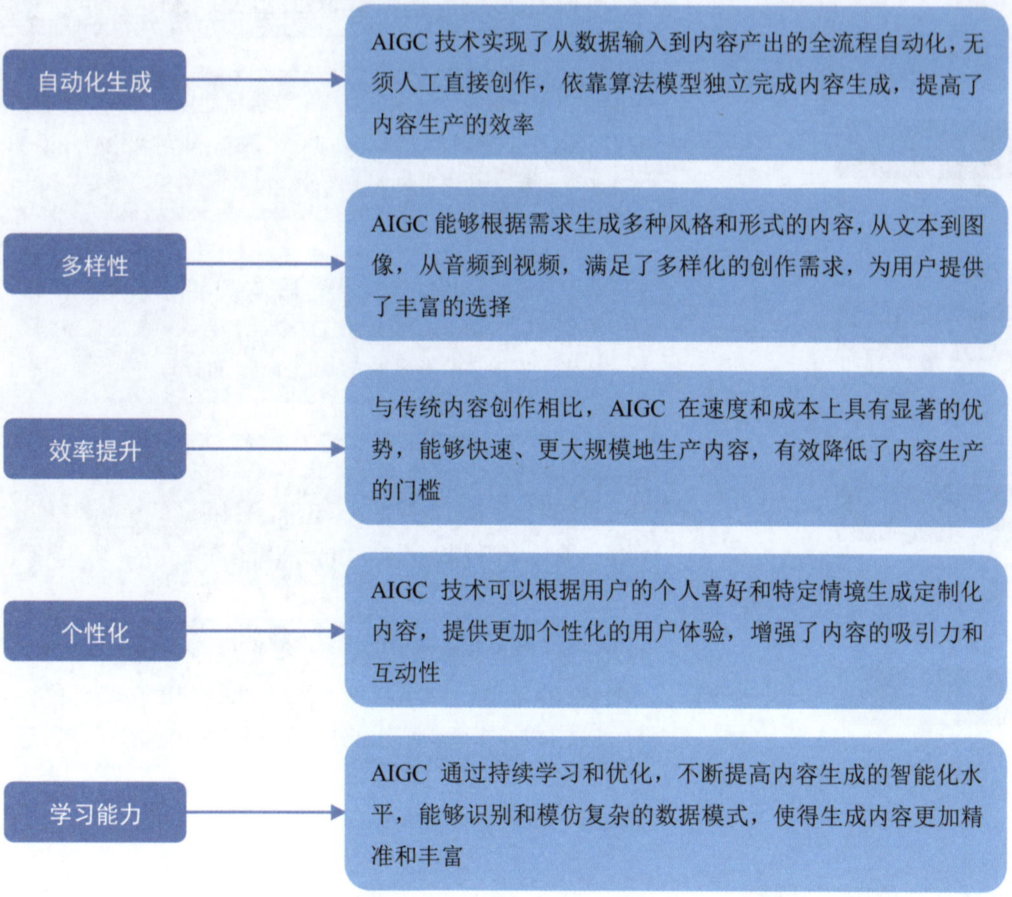

图 1-1　AIGC 定义的关键点

随着人工智能技术的不断进步和数据资源的日益丰富，AIGC 技术将得到不断完善。未来，AIGC 可能会更加侧重于创作质量的提升和个性化定制化的实现，与其他人工智能技术相结合实现更强大和更智能的内容服务，深入应用于更多领域以满足用户的多样化需求。

1.1.2　AIGC的技术原理

AIGC的技术原理主要依赖于人工智能领域的深度学习、自然语言处理、计算机视觉及音频处理等多种先进技术。AIGC的技术原理如图1-2所示。

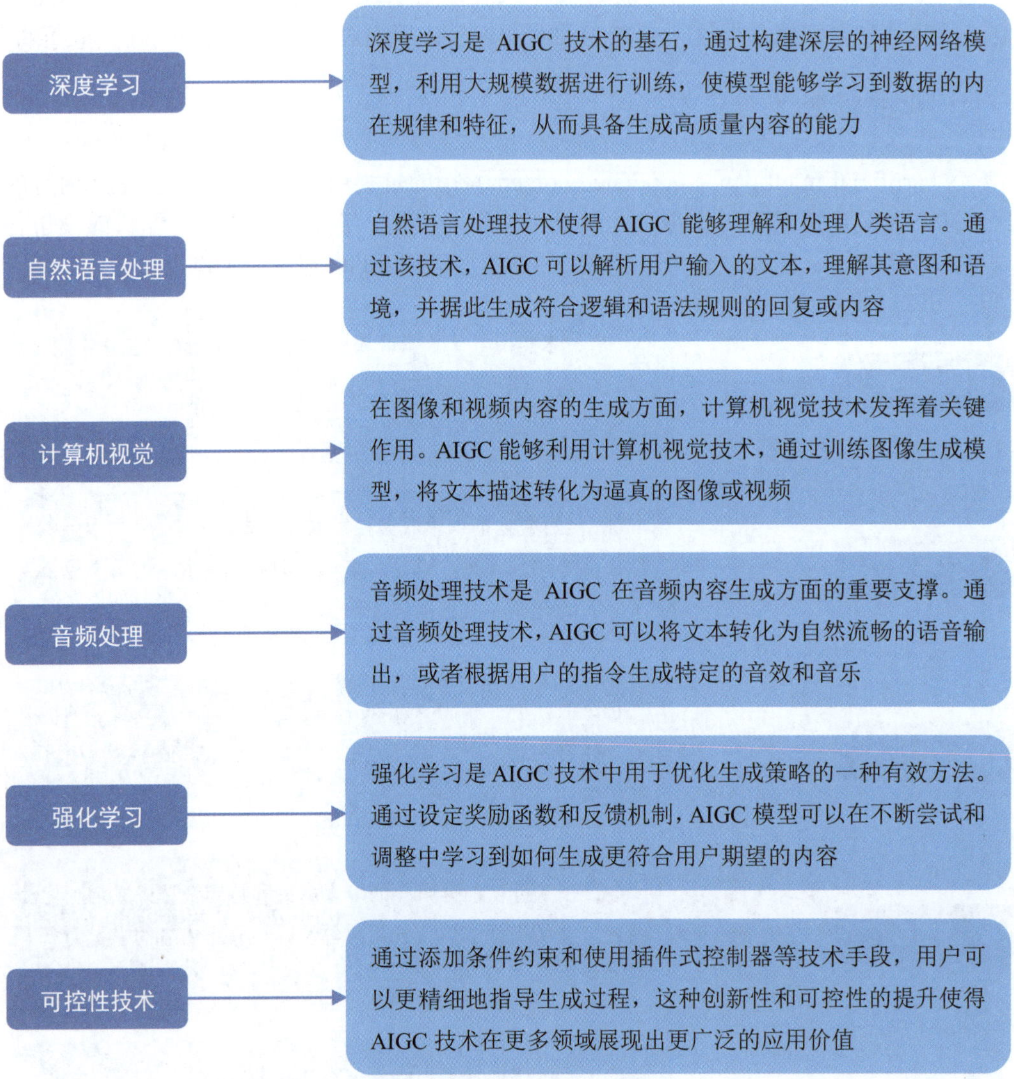

图1-2　AIGC的技术原理

1.1.3　AIGC的未来展望

AIGC作为人工智能领域的重要分支，未来充满了无限可能。随着技术的不断进步和应用场景的拓展，AIGC将在多个领域发挥重要作用，为高质量发展提供动力。下面将对AIGC未来展望进行详细讲解。

1．技术提升

随着人工智能领域的不断突破，以及未来这些技术的不断突破和大数据的积累，AIGC 的生成能力和效率将得到进一步提升。

（1）算法优化：未来的 AIGC 技术将受益于更先进的算法，如增强的生成对抗网络和改进的深度学习模型，使得生成的内容在逻辑性、创造性和准确性方面有显著提升。

（2）多模态交互：AIGC 将能够处理和生成结合文本、图像、音频和视频的多模态内容，实现更加丰富和沉浸式的用户体验。

2．应用拓展

技术的进步不仅仅停留在理论层面，更在于其在实际应用中的广泛渗透。在应用方面，AIGC 将不断创新，为各行各业提供更加智能化、个性化的内容生成解决方案。

（1）行业融合：AIGC 将深入到更多行业，如医疗健康、法律咨询、房地产等，通过自动化内容生成提高行业效率。

（2）创新商业模式：企业将利用 AIGC 技术开发新的产品和服务，创造新的收入来源，例如个性化教育平台、定制化新闻服务。

3．个性化服务

随着 AIGC 技术的成熟和应用领域的扩大，注意到个性化服务的兴起，通过定制化内容，能够满足用户的个性化需求，从而提升用户体验。

（1）用户画像：AIGC 将利用用户数据分析，生成更加符合个人喜好和需求的内容，提供高度个性化的服务体验。

（2）即时反馈：AIGC 系统将能够实时响应用户反馈，动态调整内容生成策略，以更好地满足用户需求。

4．社会伦理挑战

任何技术的发展都伴随着一系列的社会伦理问题。在探讨了 AIGC 的技术进步和应用拓展之后，不得不正视其带来的社会伦理挑战。

（1）版权和知识产权：随着 AIGC 生成内容的增多，如何界定和保护原创者的版权将成为一个重要议题。

（2）信息真实性和责任：确保 AIGC 生成内容的真实性和可靠性，以及在使用过程中明确责任归属，将是社会面临的一大挑战。

5．就业结构变革

技术的革新不仅改变了人们的生活方式，也对就业市场产生了深远影响。

（1）职业转变：AIGC 可能会取代一些传统的创作型职业，同时也会催生新的工作岗位，如 AI 内容审核员、AI 创意指导等。

（2）技能需求：劳动力市场将更加重视与 AIGC 相关的技能，如数据分析、机器学习等，推动教育和培训体系的适应和变革。

综上所述，AIGC 的未来充满无限可能，将在推动社会进步的同时，也带来一系列挑战。也需要关注并解决 AIGC 发展过程中面临的挑战和问题，推动其健康、可持续发展。

1.2 AIGC 所产生的影响

AIGC 的出现，在人类的各个领域都产生了很大的影响。随着技术的不断进步，它也将会在各领域发挥越来越重要的作用。本节将具体介绍 AIGC 给人们日常生活带来了哪些影响。

1.2.1 提高生产效率

AIGC 的发展可以提高生产效率。例如，通过使用 AI 技术，美术家们可以更快地制作精美的艺术作品。因此，美术行业的生产效率也会提升，这在一定程度上推动了美术产业的发展。其中，图 1-3 所示是使用生成对抗网络（generative adversarial networks，GAN）技术来生成高质量的图像。这种技术可以根据输入的图像生成高度类似的图像。

图 1-3 使用 GAN 技术生成高质量图像

使用 AIGC 技术来快速地创作出新的艺术作品，并且在不同风格之间进行转换。这意味着人们可以更快地制作出作品，同时不必在细节方面花费太多时间。图 1-4 所示是使用 AIGC 技术来自动化进行风格转换，从而使人们可以更快地完成作品。

图 1-4 使用 AIGC 技术进行图像风格转换

总的来说，AIGC 可以帮助人们提高生产力，减少在一些烦琐的任务上的时间和精力投入，从而使人们有更多的时间和精力去创作更多的艺术作品。

1.2.2　推动市场发展

随着技术的不断发展，有越来越多的行业开始投入 AIGC 技术。AIGC 作为人工智能技术的重要组成部分，正在成为推动经济增长的新动力。如今，AIGC 技术的应用已经取得了显著成果，为市场发展注入了新的活力。

（1）内容生成多样化：AIGC 技术能够自动生成文本、图片、音乐、视频、3D 交互内容等多种形式的内容，极大地丰富了内容创作的手段和形式。这种多样化的内容生成能力，使得市场中的产品和服务能够更加丰富多彩，满足消费者多样化的需求。

（2）自动化生产流程：AIGC 技术能够自动化地完成内容创作、编辑、发布等流程，大大降低了人工成本和时间成本。例如，在工业制造领域，AIGC 技术可以快速生成产品主图，提高产品制作的效率，降低人工成本，效果如图 1-5 所示。

图 1-5　使用 AIGC 技术生成的产品主图效果

（3）技术迭代与升级：随着深度学习等算法的不断迭代和优化，AIGC 技术的生成效果越来越逼真，应用场景也越来越广泛。从最初的文本生成，到现在的图像、音视频生成，AIGC 技术的不断升级推动了市场的快速发展。

（4）优化资源配置：通过 AIGC 技术，企业可以更加精准地预测市场需求，优化资源配置，避免资源浪费。

（5）市场规模扩大：随着 AIGC 技术的不断发展和应用拓展，市场规模也在不断扩大，这表明 AIGC 技术在未来的市场中具有巨大的增长潜力和商业价值。

（6）投资与创业机会增多：AIGC 技术的兴起也吸引了大量的投资。越来越多的企业和个人开始关注 AIGC 领域的发展动态和投资机会，推动了市场的繁荣和发展。

1.2.3　推动技术进步

AIGC 产生的技术影响是深远且多方面的，主要体现在以下几个方面。

1．推动人工智能技术的进一步创新

AIGC 技术的核心在于其强大的生成能力，这离不开深度学习、自然语言处理、计算机视觉等人工智能技术的支持。随着 AIGC 技术的不断发展，这些基础技术也得到了进一步的推动和创新。例如，预训练模型、多模态技术、生成算法等技术的累积融合，催生了 AIGC 的爆发，使得 AI 技术能够更加智能地生成多样化的内容。

2．促进技术的融合与应用

AIGC 技术并不是孤立的技术，与其他技术的融合与应用也是其技术影响的重要方面。例如，AIGC 技术可以与物联网、5G 等技术进行融合，为社会带来更多的新应用和新服务。这种技术的融合不仅丰富了 AIGC 技术的应用场景，也推动了其他技术的创新和发展。

3．提升内容生成的效率与质量

AIGC 技术的出现极大地提升了内容生成的效率与质量。通过自动化和智能化的手段，AIGC 可以快速生成高质量的自然语言文本、图像、音频和视频等内容。这不仅节省了人工成本，还提高了内容生成的准确性和自然度。例如，利用 AIGC 技术生成宣传视频，效果如图 1-6 所示。

图 1-6　使用 AIGC 技术生成的宣传视频效果

4．促进数据的利用与挖掘

AIGC 技术需要大量的数据来训练模型，因此也促进了数据的利用与挖掘。通过不断地学习和分析大量数据，AIGC 技术可以不断优化模型性能，提高生成内容的质量。同时，AIGC 技术也可以从数据中挖掘出有价值的信息和知识，为其他领域的研究和应用提供支持。

5．挑战与机遇并存

虽然 AIGC 技术带来了诸多技术影响，但也面临着一些挑战。例如，AIGC 技术的输出结果可能会受到数据和算法的影响，从而存在偏见和歧视的风险。然而，这些挑战也为 AIGC 技术的发展提供了新的机遇。通过加强技术研发和监管，可以推动 AIGC 技术的健康发展，为社会带来更多的福祉。

综上所述，AIGC 技术不仅推动了人工智能技术的进一步创新和发展，还促进了技术的融合与应用、提升了内容生成的效率与质量、促进了数据的利用与挖掘，同时也面临着一些挑战和机遇。未来，随着 AIGC 技术的不断进步和应用场景的不断拓展，该技术将在更多领域发挥重要作用。

1.2.4　提供商业价值

AIGC 技术不仅可以提高美术生产力，还可以提供以下商业价值。

（1）通过 AIGC 技术，可以快速地制作定制工艺品，生成客户需要的照片，以满足客户的需求，如图 1-7 所示。

图 1-7　根据客户的需求所生成的图像

（2）AIGC 技术可以为品牌创造独特的视觉元素，例如标志、图标和海报等，如图 1-8 所示。这些元素可以帮助品牌在市场上脱颖而出，并吸引更多的客户。

图 1-8　使用 AIGC 技术制作海报

（3）AIGC 技术可以用于游戏和影视制作中的角色设计、场景设计及特效制作，如图 1-9 所示。这些技术大大减少了制作时间和成本，同时提高了视觉效果。

图 1-9　使用 AIGC 技术制作场景设计

1.2.5 促进文化交流

AIGC 技术不仅推动了艺术市场的发展，同时也促进了全球文化的交流。AIGC 促进文化交流的表现如图 1-10 所示。

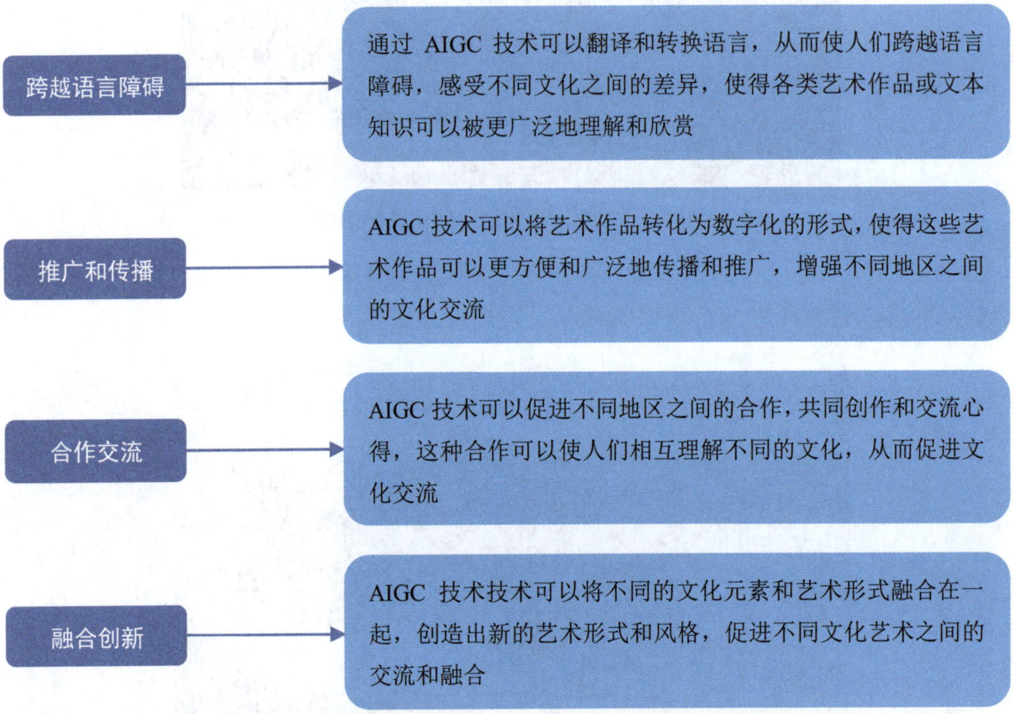

图 1-10　AIGC 促进文化交流的表现

AIGC 技术促进了全球文化交流，使得艺术更加国际化且更具包容性。这也为不同地区之间的文化交流和相互了解提供了新的机遇和平台。

1.3　AIGC 的三大应用场景

随着人工智能技术的飞速发展，AIGC 正逐渐渗透到人们生活的方方面面，为创意产业、媒体传播及娱乐领域带来了革命性的变化。本节将介绍 AIGC 的三大主要应用场景，它们不仅展示了 AI 技术的无限潜力，也预示着未来内容创作的新趋势。

1.3.1 AI 绘画

AI 绘画是 AIGC 领域中最引人注目的应用之一。通过深度学习算法，AI 能够模仿并超越传统艺术家的风格，创作出令人惊叹的艺术作品。这些作品不仅色彩丰富、构图巧妙，还能根据用户输入的提示词进行个性化定制，如图 1-11 所示。

AI 绘画工具操作简单、易上手，降低了传统绘画所需的技术门槛，使更多人能够参与到艺术创作中来。AI 绘画不仅为艺术家提供了全新的创作工具和灵感来源，也让普通人有机会体验到成为“画家”的乐趣，降低了艺术创作的门槛。

综上所述，AI 绘画作为人工智能技术在艺术领域的重要应用之一，正逐步改变着传统艺术的创作方式。随着技术的不断进步和应用场景的不断拓展，AI 绘画有望在更多领域发挥重要作用并创造出更多优秀的艺术作品。

1.3.2　AI 摄影

AI 摄影技术利用机器学习算法优化图像质量，提升摄影体验。从自动曝光、对焦到色彩校正、风格转换，AI 能够智能分析场景并做出最佳调整，使拍摄出的照片更加生动、自然，如图 1-12 所示。

图 1-11　使用 AI 绘画技术创作的作品

图 1-12　使用 AI 摄影技术创作的作品

此外，AI 还能根据用户的偏好和拍摄意图，自动选择滤镜、调整构图，甚至进行后期处理，让摄影变得更加简单高效，效果如图 1-13 所示。对于专业摄影师而言，AI 摄影技术能够辅助他们捕捉更多细节，提升作品的艺术价值；而对于普通用户来说，则能轻松拍出专业级的照片，享受摄影的乐趣。

1.3.3　AI 短视频

AI 短视频是 AIGC 在视频内容创作领域的又一重要应用。借助自然语言处理、图像识别和视频编辑等 AI 技术，AI 能够自动分析用户提供的素材（如文字、图片或视频片段等），并根据预设的主题、风格或情感要求，快速生成高质量的短视频内容，如图 1-14 所示。

图 1-13　使用 AI 摄影技术自动调整构图

图 1-14　使用 AI 短视频技术创作的作品

这些视频不仅内容丰富、节奏紧凑，还能根据观众的兴趣和反馈进行智能推荐，实现个性化传播。AI 短视频的兴起，不仅降低了视频制作的门槛，让更多人能够参与到视频内容的创作中来，也为短视频平台、广告营销等领域带来了全新的发展机遇。

本章小结

本章主要介绍了 AIGC 的基本技术。首先介绍了 AIGC 的基础知识，包括 AIGC 的概念、技术原理和未来展望；其次介绍了 AIGC 所产生的影响，包括提高生产效率、推动市场发展、推动技术进步、提供商业价值及促进文化交流等；最后介绍了 AIGC 的三大应用场景，包括 AI 绘画、AI 摄影及 AI 短视频。通过本章的学习，读者应能了解 AIGC 的核心技术。

课后实训

鉴于本章知识的重要性，为了更好地掌握所学知识，将通过课后实训帮助读者进行简单的知识回顾和补充。

问题：简述你对 AIGC 定义的理解。

回答：AIGC 指的是利用人工智能技术来生成内容的生产方式，涵盖了使用人工智能算法自动生成文本、图像、音频、视频及任何形式的数据和内容。AIGC 的目的是通过机器学习模型模拟人类创造性的过程，提高内容生产的效率和质量，并在某些情况下实现个性化定制的内容创作。随着技术的进步，AIGC 将在不同领域中展现出越来越广泛的应用潜力。

第 2 章

AIGC 的工具与平台

随着技术的不断进步，AIGC 已经悄然渗透至人们身边的每一个角落，这些工具能够帮助人们更好地实现智能化、个性化的服务。本章将讲述这些前沿技术如何被巧妙地转化为实用的工具与平台，了解它们的功能与特点，帮助读者更快上手 AI 工具。

本章重点

- 掌握即梦 AI；掌握文心一格
- 掌握剪映；了解可灵 AI
- 了解通义千问；熟悉豆包

素质目标

- 通过掌握 AIGC 工具的功能与特性，读者能够打破传统思维定式，学会用智能化手段解构问题
- 深入了解 AIGC 工具的实用转化，读者能够快速掌握从理论到实操的完整链路

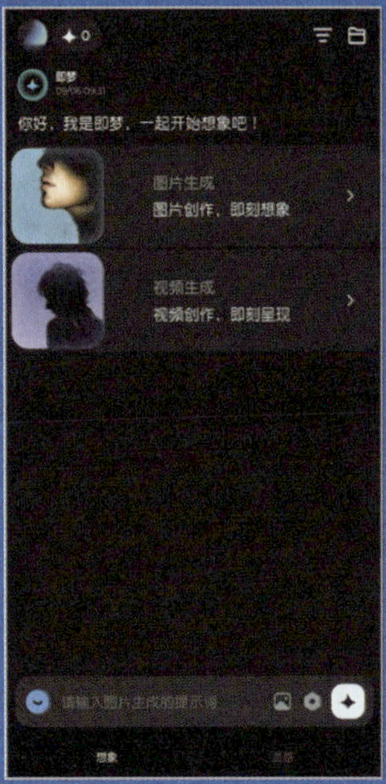

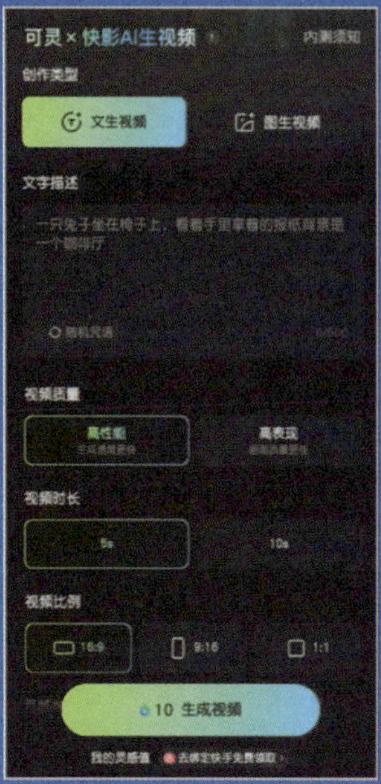

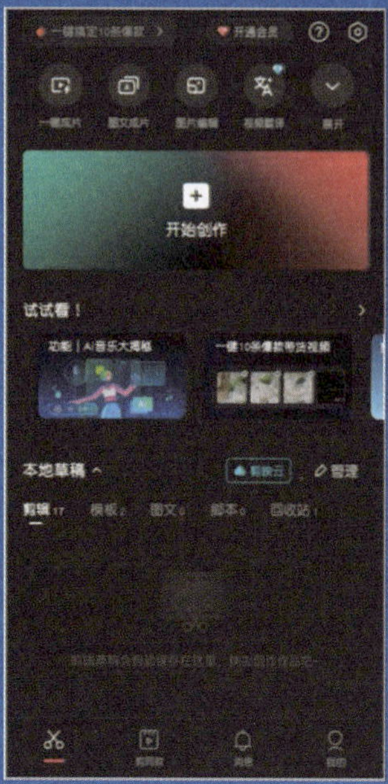

2.1 即梦 AI

即梦 AI 是由字节跳动公司推出的一款 AI 创作工具，用户只需提供文本描述或图片素材，即可让即梦 AI 根据这些描述将创意和想法转化为图像。本节将介绍即梦 AI 手机版和网页版界面的各项功能，帮助读者学会利用 AI 的力量将自己的创意转化为视觉艺术作品。

2.1.1 手机版的注册、登录与界面

即梦 AI App 的界面设计以用户友好性为核心，布局清晰，功能按钮和选项一目了然，即使是新手用户也能快速上手，享受 AI 创作的乐趣。下面将介绍注册与登录即梦 AI App 的具体操作方法。

手机版的注册、登录与界面

Step 01 打开手机中的应用商店，点击搜索栏，❶在搜索文本框中输入“即梦 AI”，点击“搜索”按钮，即可搜索到即梦 AI App；❷点击 App 右侧的“安装”按钮，如图 2-1 所示。

Step 02 执行操作后，即可开始下载并自动安装即梦 AI App，安装完成后，App 右侧显示了“打开”按钮，如图 2-2 所示。

Step 03 点击“打开”按钮，打开即梦 AI App，弹出“个人信息保护指引”对话框，点击“同意”按钮，如图 2-3 所示。

图 2-1 点击“安装”按钮

图 2-2 显示“打开”按钮

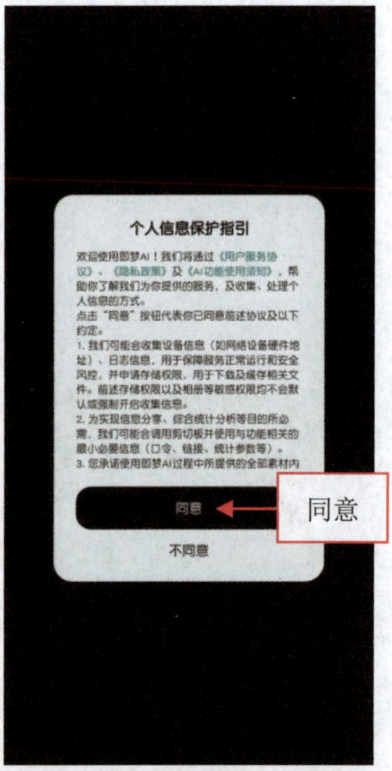

图 2-3 点击“同意”按钮

Step 04 执行操作后，即可进入即梦 AI App 首页，点击左上角的按钮，如图 2-4 所示。

Step 05 进入即梦 AI App 的登录界面，选中相应的用户协议和隐私政策复选框，然后点击“通过抖音登录”按钮，如图 2-5 所示。

Step 06 执行操作后，进入即梦 AI App 的授权界面，点击“同意授权”按钮，如图 2-6 所示，即可成功登录即梦 AI App 账号。

图 2-4　点击相应按钮

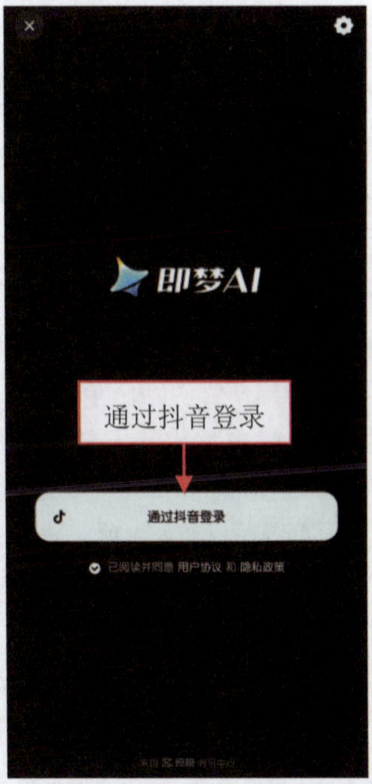

图 2-5　点击“通过抖音登录”按钮

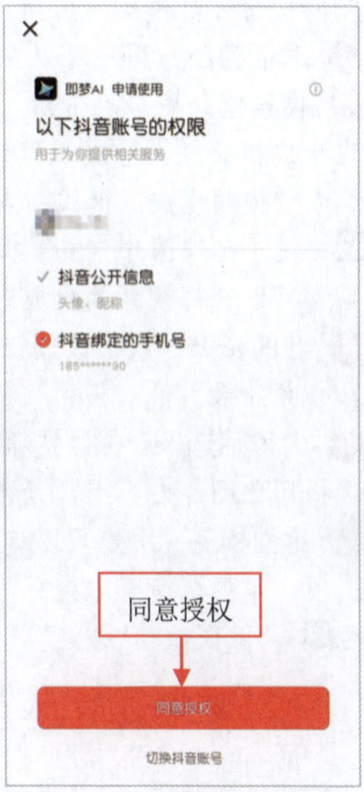

图 2-6　点击“同意授权”按钮

即梦 AI App 的界面如图 2-7 所示。

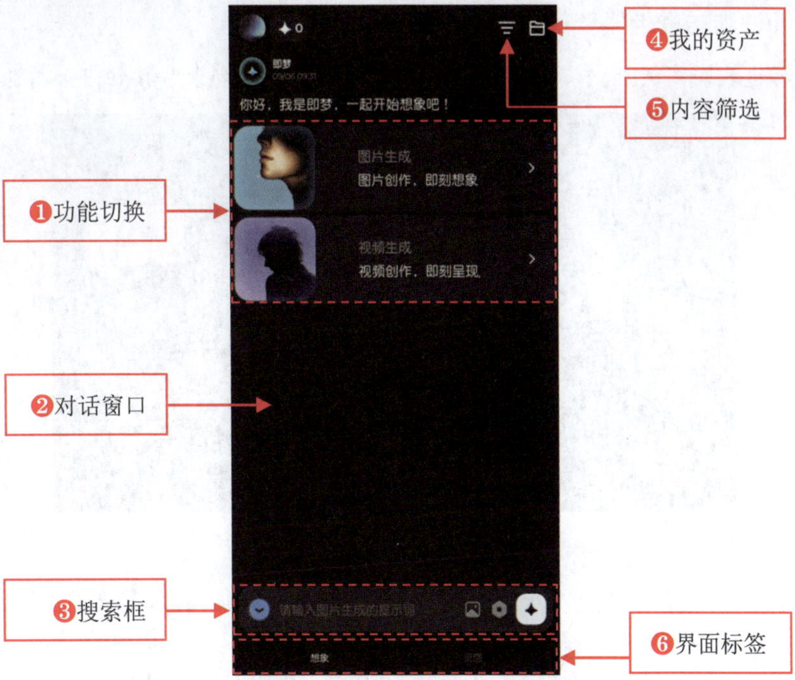

图 2-7　即梦 AI App 的界面

下面对即梦 AI App 界面中的各主要功能进行相关讲解。

❶ **功能切换：**该区域包含“图片生成”和“视频生成”两种不同的生成模式，用户可以点击相应的按钮进行模式的切换。

❷ **对话窗口：**用户可以在这个区域中查看已生成的图片或视频效果。

❸ **搜索框：**用户点击输入框，输入相应的提示词，点击按钮，即可让即梦 AI 根据提示词内容生成相应的图片或视频效果。点击按钮，弹出相应面板，在其中同样可以切换“图片生成”或“视频生成”模式。点击按钮，可以进入本地图库中选择上传一张图片作为参考图。点击按钮，在“图片生成”模式下，可以选择即梦 AI 的模型和图片的比例；在“视频生成”模式下，可以选择视频的生成时长、运镜方式以及视频比例。

❹ **我的资产：**点击该按钮，将进入“我的资产”界面，在其中可以查看之前所有已生成的图片和视频效果。

❺ **内容筛选：**点击该按钮，弹出相应对话框，系统默认在会话窗口中显示全部内容，用户可以选择只看图片内容或视频内容，以此对会话窗口中的内容进行筛选。

❻ **界面标签：**用户可以选择界面底部的相应选项，进行功能界面的切换。例如，选择“灵感”选项，即可切换至“灵感”界面，用户可以在此查看他人的作品，并进行点赞、“做同款”“关注”“保存至本地”和“复制链接”等互动。

2.1.2 网页版的注册、登录与界面

网页版的注册、登录与界面

即梦 AI 的操作界面以直观易用为核心，融合了丰富的创作工具与高度自定义功能，支持从图片、文字到视频等多种形式的智能生成与编辑。即梦 AI 的界面设计简洁明了，让用户能够轻松上手并高效完成高质量的创作任务。下面将介绍注册与登录即梦 AI 的具体操作方法。

Step 01 搜索并进入即梦 AI 的官网首页，单击页面右上方的“登录”按钮，如图 2-8 所示。

图 2-8 单击“登录”按钮

Step 02 执行操作后，进入即梦 AI 的登录页面，选中相应的用户协议复选框，然后单击“登录”按钮，如图 2-9 所示。

Step 03 进入抖音的“扫码授权”页面，如图 2-10 所示，使用抖音扫描其中的二维码，即可成功登录即梦 AI 账号。

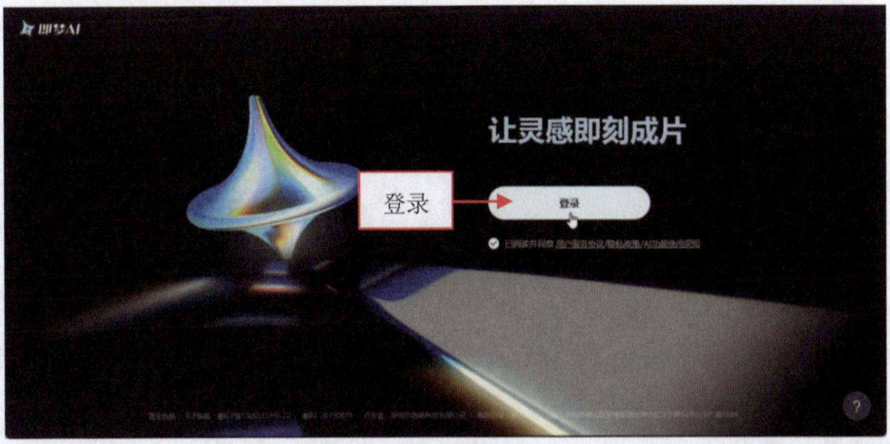

图 2-9　单击“登录”按钮

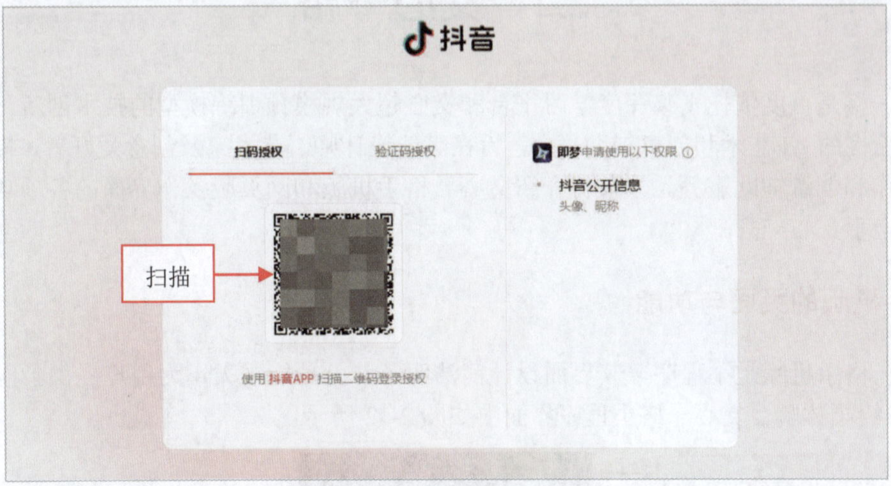

图 2-10　“扫码授权”页面

即梦 AI 的网页页面如图 2-11 所示。

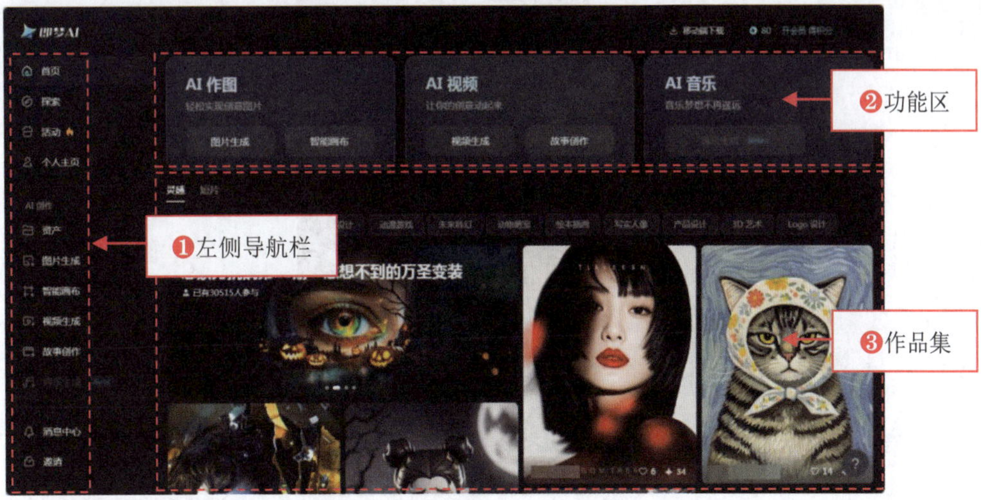

图 2-11　即梦 AI 的网页页面

下面对即梦 AI 页面中的各主要功能进行相关讲解。

① **左侧导航栏：**包括“探索”“活动”“个人主页”“资产”“图片生成”“智能画布”“视频生成”“故事创作”“音乐生成”等常用功能，这些功能共同为用户提供了一个一站式的 AI 创作平台，旨在降低用户的创作门槛。

② **功能区：**分为“AI 作图”“AI 视频”及“AI 音乐”三大板块。其中，“AI 作图”选项区中包含了“图片生成”和“智能画布”功能，可以轻松制作创意图像效果；“AI 视频”选项区中包含了“视频生成”和“故事创作”功能，可以让用户的创意动起来；“AI 音乐”功能目前处于内测状态，需要申请测试资格才可以使用。

③ **作品集：**包括“灵感”和“短片”两个选项卡，用户可以在此查看他人的作品，并进行点赞、“做同款”“关注”“下载”和“分享链接”等互动。

2.2　文心一格

文心一格是百度依托飞桨深度学习平台和文心超大规模预训练模型的技术创新，精心打造的一款创新性的 AI 艺术和创意辅助平台，旨在赋能设计师、艺术家及创意爱好者，提供智能化的艺术创作和创意辅助服务。本节将介绍文心一格手机版和网页版操作界面的各项功能，帮助读者更快上手文心一格。

2.2.1　手机版的页面与功能

文心一格手机版是小程序，其界面设计简洁明了，且功能强大，为用户提供了便捷且富有创意的 AI 绘画体验。文心一格小程序界面中如图 2-12 所示。

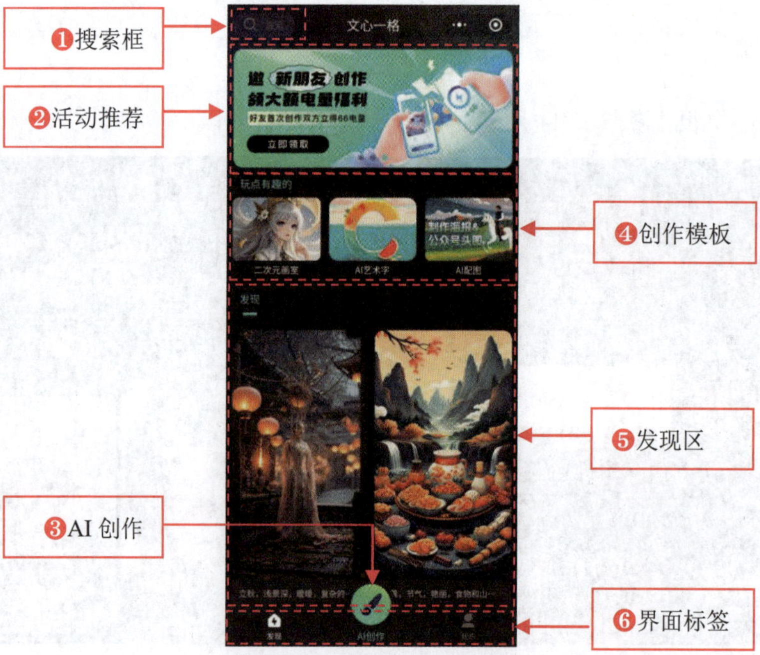

图 2-12　文心一格小程序界面

下面对文心一格小程序界面中的各主要功能进行相关讲解。

❶ **搜索框**：点击输入框，输入画作关键词进行搜索，即可搜到画作模板，用户可以点击感兴趣的公开画作，点击“我也画”按钮，进行创作。

❷ **活动推荐**：点击图片，跳转至活动界面，用户即可查看或参与相应活动。

❸ **AI 创作**：AI 创作是文心一格的核心功能区域，提供了多种风格的模板，用户可以在 AI 创作界面中输入相应的指令或推荐词，文心一格会根据输入的内容生成相应的图片。

❹ **创作模板**：该区域是 AI 创作的特色功能区域，标签名为“玩点有趣的”，包括“二次元画室”“AI 艺术字”和“AI 配图”，用户可以点击感兴趣的模板进行创作。

❺ **发现专区**：这是文心一格的重要功能之一，占据了一个界面的比重，包括活动推荐、创作模板、发现等内容。例如，点击“发现”区中的图片，即可参与“我也画”创作。

❻ **界面标签**：用户可以选择界面底部的相应选项，进行功能界面的切换。例如，选择“我的”选项，即可切换至文心一格的用户个人中心区域，它为用户提供了个性化的服务和管理功能，主要功能包括账号管理和作品管理等内容。

2.2.2　网页版的页面与功能

文心一格的操作页面简洁、友好，旨在通过人工智能技术帮助用户轻松实现创意绘画。在文心一格的主页中，单击顶部导航栏中的“AI 创作”标签，即可切换至文心一格 AI 创作页面，如图 2-13 所示。在其中用户通过输入关键词、选择画面类型、调整画幅比例、设置生图数量等步骤，即可轻松实现自己的创意绘画想法。

图 2-13　文心一格 AI 创作页面

下面对文心一格 AI 创作页面中的各主要功能进行相关讲解。

❶ **AI 创作**：这是文心一格“AI 创作”页面的核心功能，包括推荐、自定义、商品图、艺术字、海报等，利用 AI 技术可以自动生成相关的创意画作。

❷ **AI 编辑**：允许用户对生成的画作进行调整和优化，包括图片扩展、图片变高清、涂抹消除、智能抠图以及涂抹编辑等，允许用户进一步提升画作质量。

❸ **导航栏：**位于页面顶部，包括“首页”“AI 创作”“AI 编辑”“实验室”“热门活动”及“灵感中心”等标签，帮助用户轻松导航至所需页面。

❹ **创作记录：**允许用户查看和管理自己之前生成的作品，用户可以在该面板中找到之前创作的所有画作，进行查看、编辑、下载、分享或删除等操作。这一功能有助于用户整理自己的创作成果，并方便日后回顾和复用。

❺ **输入框：**这是用户与 AI 创作功能交互的关键入口，用户可以在此输入与画作主题相关的文字描述，如“海底的海星”“冬日梅花”等，这些描述将成为 AI 生成画作的基础，引导模型理解用户的创作意图。

❻ **画面类型：**文心一格提供了多种画面类型，如二次元、中国风、插画、超现实主义、像素艺术等，用户可以根据创作需求为画作选择合适的风格。

❼ **比例：**允许用户为生成的画作指定画幅比例，如竖图、方图或横图。这一功能有助于用户根据使用场景（如社交媒体分享、广告海报制作等）调整画作的布局和视觉效果。

❽ **数量：**允许用户指定希望生成的画作数量。在文心一格中，用户可以通过拖曳滑块来确定生成画作的数量。但每生成一幅画作需要消耗一定的资源（如“电量”），因此建议用户根据实际情况选择适当的数量。

❾ **立即生成：**完成所有设置后，用户单击“立即生成”按钮，即可启动 AI 创作过程。

❿ **效果欣赏：**可以预览生成的画作效果，供用户查看和编辑。

2.3 剪　映

剪映作为一款功能全面的视频编辑工具，具有多种 AI 绘画与视频创作功能。它不仅支持手机端操作，还推出了电脑端版本，以满足用户在不同场景下的视频编辑需求。本节将详细介绍手机版和剪映电脑版界面的主要功能。

2.3.1　手机版的页面与功能

剪映 App 集成了丰富的视频编辑功能和工具，能够满足用户多样化的编辑需求。简洁明了的界面设计和直观的操作方式，让用户能够轻松上手并快速掌握软件的使用方法。剪映 App 主界面如图 2-14 所示。

下面对剪映 App 界面中的各主要功能进行相关讲解。

❶ **功能区：**其中包括多种剪辑创作功能，如一键成片、图文成片、图片编辑、视频翻译等，选择相应的选项，即可开始创作视频与图片效果。

❷ **开始创作：**点击该按钮，即可开始导入照片或视频素材，进行内容创作。

❸ **试试看：**该区域中提供了许多的模板，用户可以制作同款视频效果。

❹ **本地草稿：**这是一个草稿箱，其中可以显示用户创作过的所有视频内容。若用户需要继续编辑之前保存的草稿时，只需在“本地草稿”中选中相应的项目，即可快速进入编辑状态，无须从头开始编辑视频，这一功能为用户提供了极大的便利。

❺ **导航栏：**导航栏中包括“剪辑”“剪同款”“消息”以及“我的”4 个功能标签，每个标签都有着特定的作用，为用户提供了全面而便捷的视频编辑和社交体验。

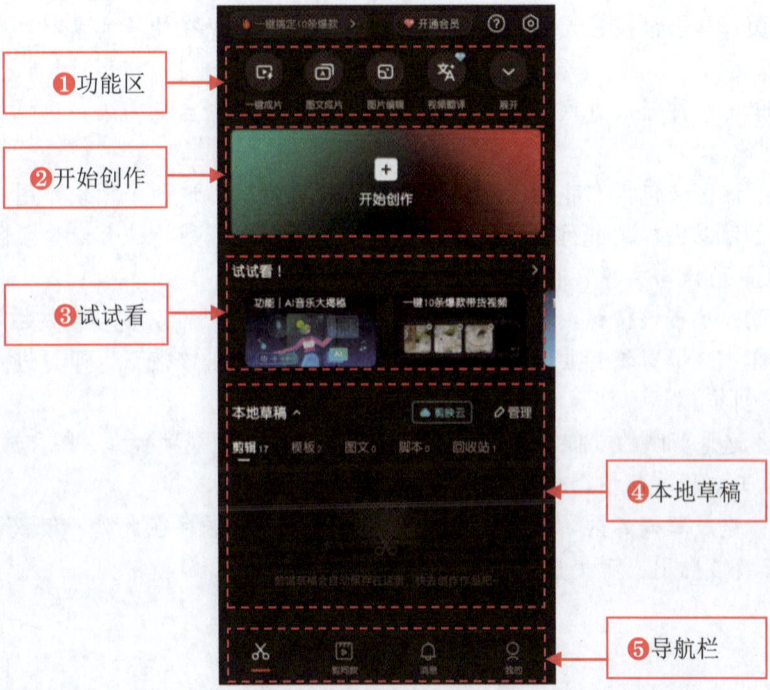

图 2-14　剪映 App 主界面

2.3.2　电脑版的页面与功能

剪映专业版具备多轨编辑、丰富素材库、智能辅助功能、高质量输出、图文成片、强大字幕编辑、精准音频处理等多项强大功能，提供了简洁明了的首页，其页面如图 2-25 所示。

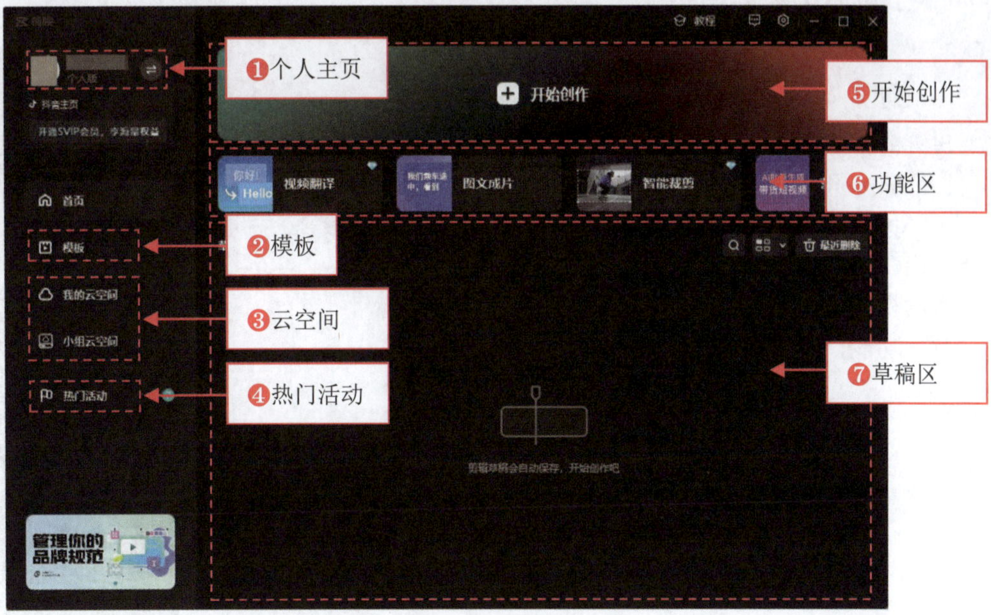

图 2-15　剪映专业版首页

下面对剪映专业版首页中的各主要部分进行相关讲解。

❶ **个人主页**：单击该按钮，即可进入个人主页，用户可以在此查看素材和收藏的内容，以及发布素材。

❷ **模板**：单击该按钮，进入“模板”界面，用户可以根据自身需求，选择相应的模板，使用其进行视频制作。

❸ **云空间**：该区域包括“我的云空间”和“小组云空间”这两个板块，用户将视频上传至“我的云空间”，可以将视频进行云端备份；而“小组云空间”则是一个专为团队协作设计的功能，可以用于团队协作与共享、存储空间与扩容等。

❹ **热门活动**：单击该按钮，打开“热门活动”界面，用户可以参与投稿活动。

❺ **开始创作**：这是剪映专业版首页的主要功能之一，单击该按钮，即可进入创作页面，用户可以开始内容创作。

❻ **功能区**：这是剪映的功能专区，具备丰富的功能，例如视频翻译、图文成片、智能剪裁、营销成片、创作脚本和一起拍，单击相应按钮，即可体验对应功能。

❼ **草稿区**：这是草稿专区，用户剪辑的视频，都会自动保存在此处，但仅限于本地保存，如果用户重新安装该应用或者更换电脑设备登录，将会清空草稿。

2.4 可灵 AI

可灵 AI 是由快手科技自研的视频生成模型，具备强大的视频创作能力。作为快手科技自研的视频生成模型，可灵 AI 在技术上保持着持续的创新和迭代。本节将详细介绍可灵 AI 手机版和网页版界面的主要功能。

2.4.1 手机版的页面与功能

可灵 AI 手机版，就是手机端的可灵软件。虽然可灵并没有推出专门的 App，但是用户还是可以借助快影 App 来使用可灵的相关功能，制作出精美的 AI 视频。可灵 AI 手机版的视频生成主要依赖于“AI 生视频”功能，其界面如图 2-16 所示。

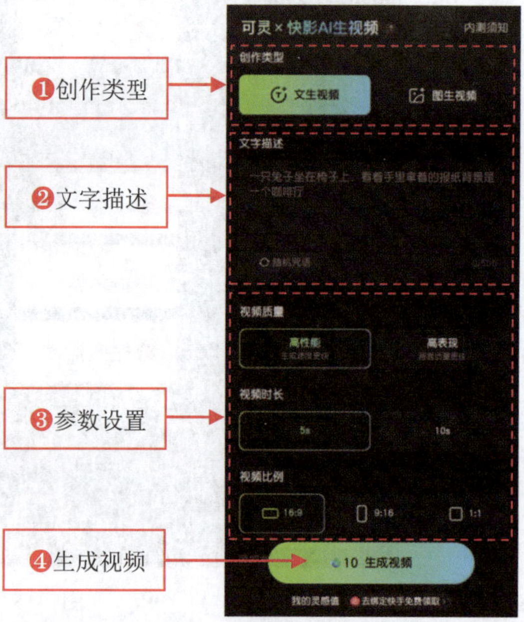

图 2-16　可灵 AI 手机版“AI 视频”页面

下面对可灵 AI 手机版中“AI 生视频”界面的各主要功能进行相关讲解。

❶ **创作类型**：该区域包含“文生视频”和“图生视频”两种不同的生成模式，用户可以点击相应的按钮进行切换。

❷ **文字描述**：用户可以在此输入与视频主题相关的文字描述，可灵 AI 会根据这些描述生成相应的视频效果。

❸ **参数设置**：用户可以在该区域中设置视频各种参数，包括视频的质量、时长、比例、运动速度以及运镜方式等。

❹ **生成视频**：该按钮中显示了视频生成所需要花费的“灵感值”，点击该按钮，即可消耗灵感值生成视频效果。

2.4.2　网页版的页面与功能

进入可灵 AI 的官网，可以使用相关功能制作 AI 图片和 AI 视频，单击可灵 AI 官网“首页”中的“AI 视频”按钮，即可进入“AI 视频”页面。在该页面中，用户可以通过输入文本信息或上传图片，制作相关的 AI 视频。除此之外，用户还可以选择制作好的视频进行延长操作，其页面如图 2-17 所示。

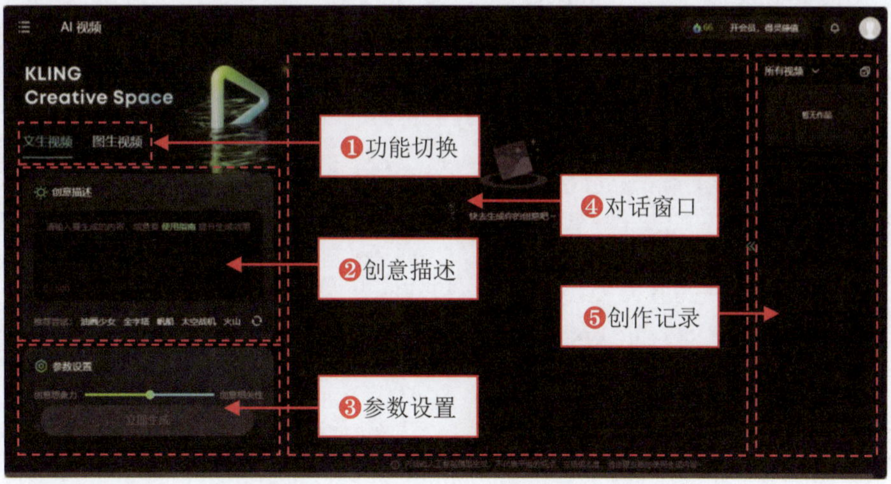

图 2-17　可灵 AI 网页版“AI 视频”页面

下面对可灵 AI 的“AI 视频”页面中的各主要功能进行相关讲解。

❶ **功能切换**：该区域包含“文生视频”和“图生视频”两种不同的生成模式，用户可以单击相应的按钮进行切换。

❷ **创意描述**：用户可以在此输入与视频主题相关的文字描述，可灵 AI 会根据这些描述生成相应的视频效果。

❸ **参数设置**：用户可以在该区域中设置视频各种参数，包括视频的质量、时长、比例、运动速度以及运镜方式等。

❹ **对话窗口**：用户可以在这个区域中查看已生成的视频效果。

❺ **创作记录**：用户可以在该区域查看和管理自己之前生成的作品，这一功能有助于用户整理自己的创作成果，并方便日后回顾和复用。

2.5 通　义

通义是由阿里云开发的人工智能助手，设计目的是成为一个能够理解和处理自然语言、提供信息帮助和解决问题的系统。它能够解答广泛领域的问题，从日常生活的小贴士到科学和技术的知识点，从文化历史到实用建议等，几乎涵盖了各种话题。本节将详细介绍通义手机版和网页版界面的主要功能。

2.5.1 手机版的页面与功能

通义 App 基于先进的自然语言处理技术，能够理解和回应用户的各种查询和需求，为用户提供了一个全天候的智能伴侣。无论是在工作中寻求帮助，还是在生活中寻找乐趣，都是一个得力的助手，其界面如图 2-18 所示。

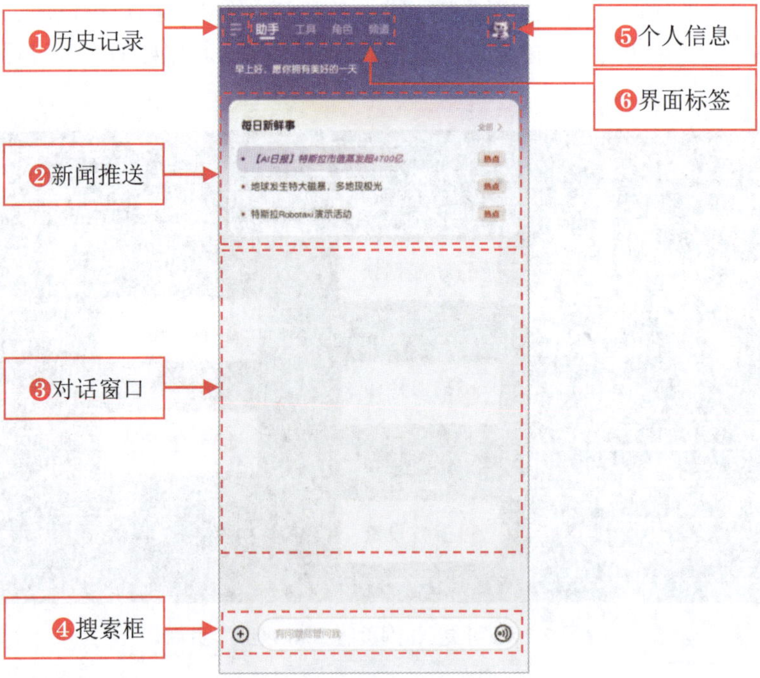

图 2-18　手机版通义 App 界面

下面对通义 App 界面中的各主要功能进行相关讲解。

❶ **历史记录**：点击按钮，即可弹出历史记录面板，用户可以在其中查看与 AI 的对话记录，还可以点击“新建对话”来创建一个新的对话。

❷ **新闻推送**：该区域显示了 AI 为用户推送的每日新闻，用户可以点击感兴趣的新闻进行更多了解。

❸ **对话窗口**：用户可以在这个区域中查看正在进行的对话内容。

❹ **搜索框**：用户点击输入框，在其中输入相应的提示词，即可与 AI 进行交流。点击按钮，会在界面底部弹出相应面板，用户可以使用拍摄、上传文档、语音、通话、翻译等功能；点击按钮，即可“按住说话”，与 AI 进行语音对话。

❺ **个人信息**：点击界面右上角的用户头像，会进入到用户的个人信息界面，在其中可以对用户创建的数字形象、工具、角色及数字作品进行编辑。

❻ **界面标签**：用户可以选择界面顶部的相应选项，进行功能界面的切换。例如，选择“工具”选项，即可切换至“工具”界面，用户可以在此查找不同功能的 AI 工具，或者自定义创建自己想要的 AI 工具；选择“角色”选项，切换至“角色”界面，用户可以在此查看 AI 虚拟角色，或者自定义创建角色；选择“频道”选项，切换至“频道”界面，用户可以在此进行 AI 视频创作。

2.5.2　网页版的页面与功能

通义作为一款先进的 AI 助手，致力于通过友好且有效的沟通为用户提供价值，同时明确指出对于专业咨询的问题，其页面如图 2-19 所示。

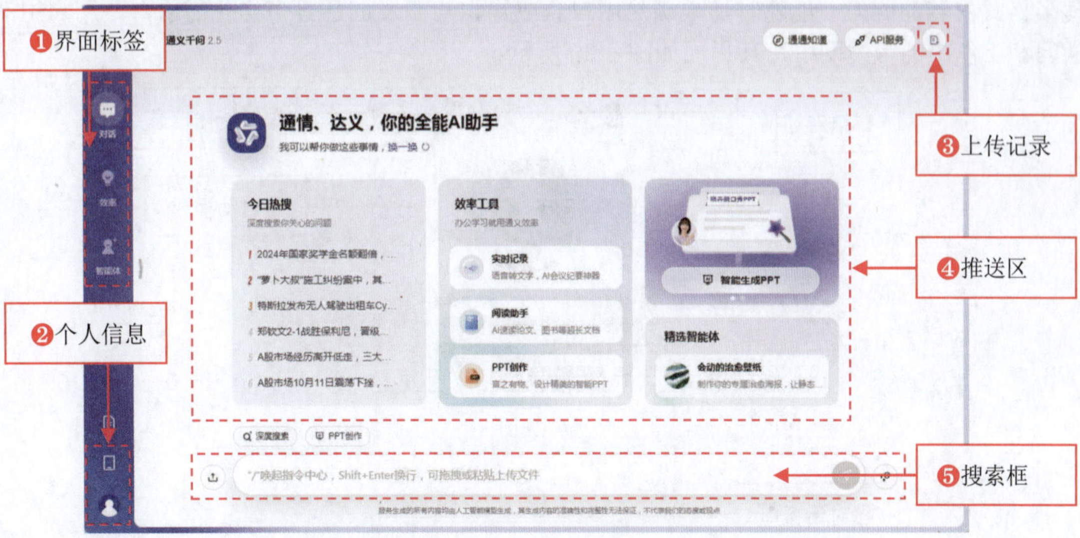

图 2-19　通义网页版界面

下面对通义网页版界面中的各主要功能进行相关讲解。

❶ **界面标签**：用户可以选择界面左侧的相应选项，进行功能界面的切换。例如，选择“效率”选项，即可切换至“效率”界面，用户可以在此使用不同功能的 AI 工具；选择“智能体”选项，切换至“智能体”界面，用户可以在此搜索或使用不同的智能体，也可以自己创建一个智能体。

❷ **个人信息**：单击“多端体验”按钮，进入相应界面，可以下载不同版本的通义千问，例如手机版、插件版、客户端版等；将鼠标指针移至图标上，可以查看用户的个人信息。

❸ **上传记录**：单击按钮，弹出“上传记录”面板，在其中可以查看上传记录。

❹ **推送区**：推送区是一个快速了解产品特性和使用方法的途径，该区域中提供了每日热搜，并推荐了相关的 AI 效率工具。

❺ **搜索框**：用户点击输入框，在其中输入相应的提示词，即可与 AI 进行交流。将鼠标移至图标上，会弹出相应面板，用户可以上传文档或上传图片；点击按钮，弹出“指令中心”面板，在其中可以选择不同的 AI 指令，也可以自定义创建指令。

2.6 豆 包

豆包是由字节跳动开发的语言模型，具备强大的知识储备，能够准确地回答各种各样的问题。无论是科学知识和历史文化，还是技术应用和生活常识，豆包都能给出专业且条理清晰的解答，是用户在寻求知识和创意灵感时的得力助手。本节将详细介绍豆包手机版和网页版界面的主要功能。

2.6.1 手机版的页面与功能

豆包手机端拥有简洁直观的界面设计，方便用户快速操作与定位功能区域。在功能方面表现出色，能精准理解并回答各类知识问题，还可为用户的创作提供有力辅助，同时具备高效处理多格式内容的能力，能随时随地满足用户获取知识与激发创意等多样化需求，是用户生活、学习和工作中的得力助手，其界面如图 2-20 所示。

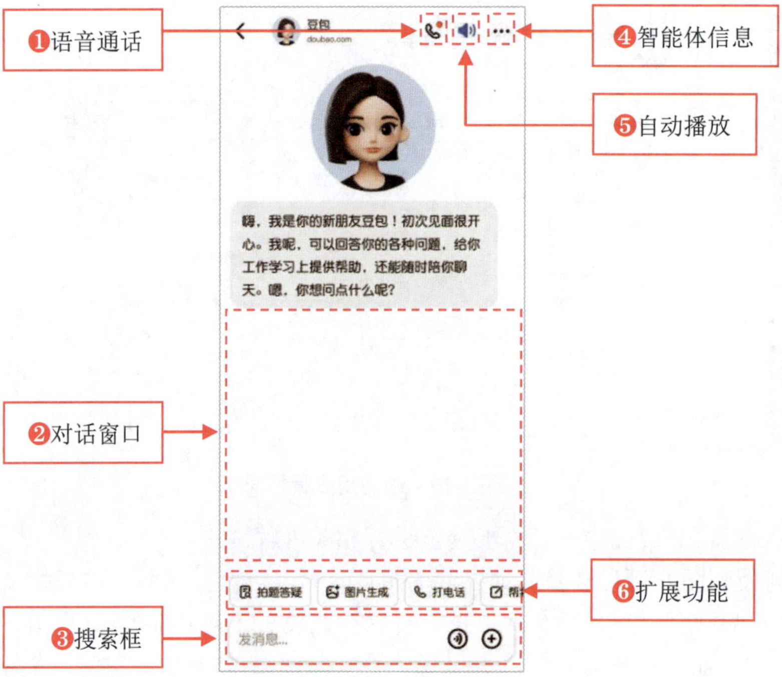

图 2-20　豆包手机版界面

下面对豆包 App 界面中的各主要功能进行相关讲解。

❶ **语音通话**：点击按钮，可以与豆包进行语音通话。

❷ **对话窗口**：用户可以在这个区域中查看正在进行的对话内容。

❸ **搜索框**：用户点击输入框，在其中输入相应的提示词，即可与 AI 进行交流。点击按钮，即可“按住说话”，与 AI 进行语音对话；点击按钮，会在界面底部弹出相应面板，用户可以使用上传文件和语音通话功能。

❹ **智能体信息**：点击按钮，进入豆包智能体的编辑界面，在该界面可以对智能体进行自定义编辑，例如设置不同的虚拟形象、声音、语言等，还可以查找与豆包的聊天内容。

❺ **自动播放**：在豆包 App 中，用户可以开启自动播放模式🔊，让豆包自动播放文字回复。这样，用户在与豆包交流时，可以更加便捷地听到豆包的回答。

❻ **扩展功能**：用户可以在该区域中使用不同的功能，例如拍题答疑、图片生成、语音通话、翻译及文档阅读等。

2.6.2 网页版的页面与功能

豆包的界面简洁明了，操作方便快捷，用户能够轻松地输入问题进行查询和交流。在内容呈现上，回复内容条理清晰、排版合理，便于用户快速抓取关键信息。其具有强大的兼容性，在各种主流浏览器上都能流畅运行，确保不同用户都能顺利使用。用户随时随地都能访问，享受豆包带来的专业知识解答、创意写作等服务，其页面如图 2-21 所示。

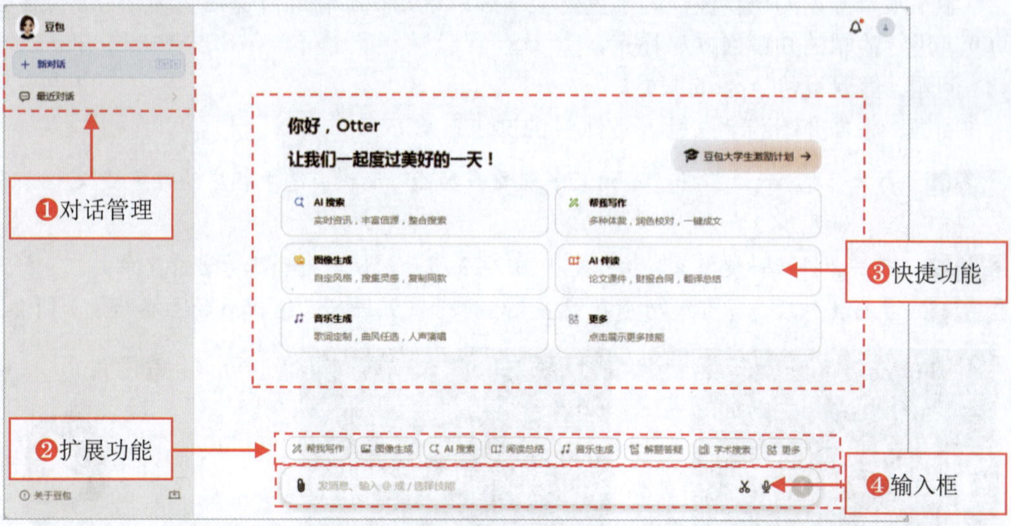

图 2-21 豆包网页版页面

下面对豆包界面中的各主要功能进行相关讲解。

❶ **对话管理**：用户可以在该区域中管理对话。例如，单击“新对话”按钮，即可重新创建对话窗口；单击“最近对话”按钮，可以查看与 AI 的对话记录，并且可以对对话记录进行收藏或分享等操作。

❷ **扩展功能**：用户可以在该区域中使用不同的功能，例如 AI 写作、图片生成、AI 搜索、阅读总结及音乐生成等。

❸ **快捷功能**：用户可以在快捷功能区域快速选择相应功能进行 AI 创作，例如 AI 搜索、AI 写作、图像生成、AI 伴读、音乐生成等。

❹ **输入框**：用户点击输入框，在其中输入相应的提示词，即可与 AI 进行交流。点击📎按钮，可以上传文件，让 AI 根据提供的文件生成内容；点击🎙按钮，即可进行语音输入，与 AI 进行语音对话。

本章小结

本章主要介绍了 AIGC 的工具与平台，包括即梦 AI、文心一格、剪映、可灵 AI、通义及豆包，分别从手机版和电脑版两个方向介绍它们的页面与功能。通过本章的学习，读者应能掌握这些工具与平台的应用及其功能。

课后实训

课后实训

鉴于本章知识的重要性，为了更好地掌握所学知识，将通过课后实训帮助读者进行简单的知识回顾和补充。

问题：登录豆包 App 的账号。

回答：下面介绍登录豆包 App 账号的操作方法。

Step 01 打开豆包 App，弹出“登录后解锁更多功能”面板，选中相应的服务协议和隐私政策复选框，如图 2-22 所示。

Step 02 点击“抖音一键登录”按钮，如图 2-23 所示，使用抖音账号进行登录。

Step 03 执行操作后，即可成功登录豆包 App 账号，并进入豆包 App 的主界面，如图 2-24 所示。

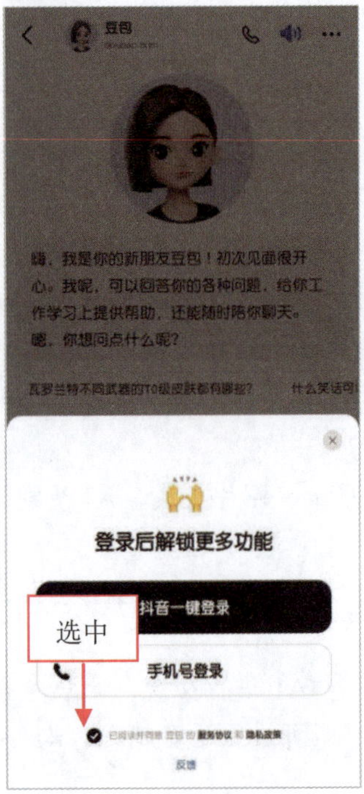

图 2-22　选中相关复选框

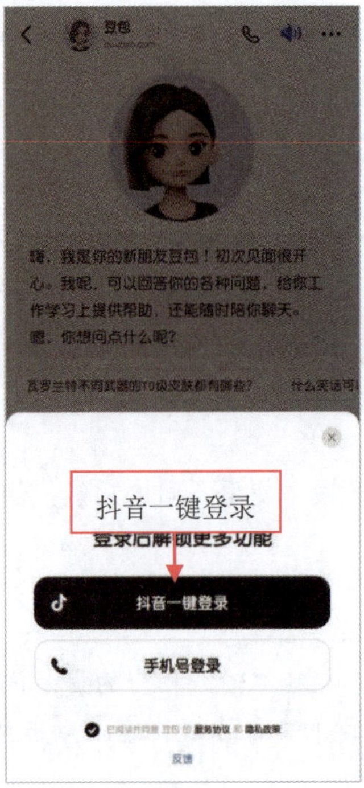

图 2-23　点击“抖音一键登录”按钮

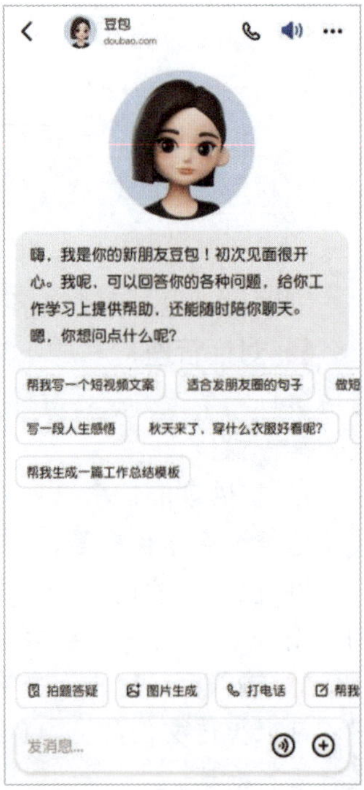

图 2-24　进入豆包 App 主界面

第 3 章

AIGC 提示词的应用

3

随着 AIGC 技术的不断发展，提示词的应用变得越来越广泛，不仅影响着内容的生成质量，还决定了用户体验的优劣。本章帮助读者将深入了解提示词在 AIGC 中如何被巧妙运用，使读者能够更轻松地与 AI 进行沟通，实现个性化内容的快速生成。

本章重点

- 掌握使用 AI 工具发掘提示词的方法
- 掌握使用 AI 工具优化文本内容的方法
- 掌握使用 AI 工具生成提示词的方法

素质目标

- 学习提示词运用，读者将掌握如何把模糊需求转化为清晰、准确的指令，提升与 AI 交互时的表达能力
- 培养读者从多个角度思考问题的发散性思维，增强创新能力与想象力

3.1 使用 AI 工具发掘提示词

在与 AI 工具的对话中，使用的提示词质量会影响到对话的结果，选择好的提示词可以快速定位想要的信息，过滤掉无关的内容，提高回答的质量和准确性，从而提高用户的使用体验。本节将介绍提示词的相关获取技巧，让读者对提示词有一个初步的了解。

3.1.1 通过直接提问获取提示词

通过直接提问获取提示词

文小言 App 是一个根据预训练数据进行响应的语言模型，无法直接分析输入并主动获取提示词。当用户提供具体的提示词或问题时，文小言 App 可以利用训练和知识来提供相关的信息和回答。具体的操作方法如下。

Step 01 在文小言 App 中输入相应的提示词，让文小言 App 提供 AI 绘画提示词示例。相关的提示词内容如下。

提问

请提供一段绘制老虎形象的 AI 绘画提示词示例。

Step 02 点击发送按钮，稍等片刻，即可让文小言 App 生成相应的 AI 绘画提示词示例。相关的回复内容如下。

文小言

当然，为了引导 AI 绘画系统创作出一幅生动的老虎形象，你可以使用一系列详细且富有想象力的提示词。以下是一个示例，旨在激发 AI 捕捉老虎的威严、力量与自然之美。

"在葱郁的密林深处，一只威严的老虎悠然踱步，金色斑纹在夕阳下熠熠生辉，眼神锐利如炬，透露出王者之风。胡须轻颤，尽显野性魅力，背景是斑驳的树影与远处淡蓝的天际线，共同勾勒出一幅生动而神秘的自然画卷。"

这样的提示词不仅描述了老虎的外观特征，还融入了环境氛围和情感表达，有助于 AI 更全面地理解和创作出富有感染力的老虎形象。

3.1.2 添加前缀生成同类提示词

添加前缀生成同类提示词

在智谱清言 App 中，如果需要同类的提示词，可以在现有提示词的基础上，添加或修改一些常见的前缀，以生成更多相关的提示词。具体的操作方法如下。

Step 01 在上一例提示词的基础上添加相应的前缀，让智谱清言 App 生成同类提示词。相关的提示词内容如下。

提问

请提供一段绘制孟加拉虎形象的 AI 绘画提示词示例。

Step 02　点击发送按钮，稍等片刻，即可让智谱清言 App 生成相应的 AI 绘画提示词示例。相关的回复内容如下。

智谱清言

当然可以，以下是一段用于 AI 绘画的孟加拉虎形象提示词示例：
"一只雄壮的孟加拉虎，栖息在热带雨林的草地上，阳光透过树梢洒在它的金色皮毛上，闪烁着耀眼的光芒。老虎的眼睛炯炯有神，透露出王者的威严。它的肌肉线条分明，四肢强健有力，尾巴长而优雅。周围环绕着茂密的绿色植被，一只蝴蝶在它耳边翩翩起舞，增添了几分生动与和谐。"

3.1.3　查找长尾提示词

查找长尾提示词

长尾提示词通常是指网站上的非目标提示词，但与目标提示词相关的特定提示词短语，用于针对特定需求或进行更具体的搜索。用户可以使用 Kimi 智能助手 App 查找长尾提示词。具体的操作方法如下。

Step 01　在 Kimi 智能助手 App 中输入相应的提示词，让 Kimi 智能助手 App 查找长尾提示词。相关的提示词内容如下。

提问

请给我关于不同艺术派别的长尾提示词。

Step 02　点击发送按钮，稍等片刻，即可让 Kimi 智能助手 App 生成相应的长尾提示词示例。相关的回复内容如下。

Kimi

当然可以，以下是一些不同艺术派别的长尾提示词，这些提示词可以帮助你更好地搜索或了解各个艺术派别的相关信息。

1. 印象派艺术

· 印象派绘画的光影效果
· 印象派音乐的创新
· 印象派时期的画家
· 印象派艺术的户外写生

2. 超现实主义艺术

· 超现实主义绘画的梦幻感
· 超现实主义文学的奇异性
· 超现实主义时期的艺术家
· 超现实主义艺术的心理探索

3. 抽象表现主义艺术

· 抽象表现主义的自由笔触
· 抽象表现主义的色彩运用
· 抽象表现主义时期的艺术家

· 抽象表现主义艺术的情感释放

4. 极简主义艺术

· 极简主义的简约美学

· 极简主义雕塑的几何形态

· 极简主义时期的艺术家

· 极简主义艺术的哲学思考

这些长尾提示词可以帮助你更深入地探索各个艺术派别的特色和历史背景。

3.1.4 查找 LSI 提示词

查找 LSI 提示词

LSI（latent semantic indexing）提示词，也叫“潜在语义索引”，意思是与主关键字在语义上相关的提示词。与传统的提示词提取方法不同，LSI 提示词不是一个单词，而是一组单词或术语，这些单词或术语能够反映文本的实际语义。用户可以通过文小言 App 来获取 LSI 提示词。具体的操作方法如下。

Step 01 在文小言 App 中输入相应的提示词，让文小言 App 生成相应的 LSI 提示词。相关的提示词内容如下。

提问

生成关于抽象派绘画的 LSI 提示词。

Step 02 点击发送按钮，稍等片刻，即可让文小言 App 生成关于抽象派绘画的 LSI 提示词。相关的回复内容如下。

文小言

以下是一些关于抽象派绘画的 LSI 提示词。

1. 抽象表现主义（abstract expressionism）
2. 几何抽象（geometric abstraction）
3. 抒情抽象（lyrical abstraction）
4 风格派（de stijl）
5. 至上主义（suprematism）
6. 构成主义（constructivism）
7. 非具象艺术（non-objective art）
8. 纯粹抽象（pure abstraction）
9. 色彩与形式的探索（exploration of color and form）
10. 抽象艺术的审美（aesthetics of abstract art）

▶ 专家指点

相对于传统的提示词提取方法，LSI 提示词提取更准确，因为它考虑了文本中单词的语义和相关性。因此，LSI 提示词在搜索引擎优化、信息检索和自然语言处理等领域中得到了广泛应用。

3.1.5　聚类语义相同的提示词

聚类语义相同的提示词

聚类语义相同的提示词是一种文本数据处理技术，将具有相似语义特征的提示词归为一类。这种聚类方法可以帮助发现相关主题、分析文本数据及提取关键信息等。通过聚类语义相同的提示词，用户可以更好地理解文本数据中的主题和模式，以使用智谱清言 App 来完成该操作。具体操作方法如下。

Step 01　向智谱清言 App 提供一段文案，并在文案的末尾加上“将以上文案聚类语义相同的提示词”。相关的提示词内容如下。

提问

陶瓷，作为传统工艺的瑰宝，静静地诉说着岁月的故事。它的质感温润，色泽或清新淡雅，或沉稳内敛，每一件作品都透露出匠人的精湛技艺与独特审美。

从简单的白瓷到色彩斑斓的釉上彩，陶瓷的多样性令人赞叹。白瓷以其纯净无瑕的外观，展现出一种简洁而高雅的美，而釉上彩则通过精细的绘制，让色彩在瓷面上绽放，增添了几分生动与活力。

陶瓷的纹理同样令人着迷，有的细腻如丝，仿佛能感受到指尖轻轻滑过的顺畅；有的则略显粗犷，透露出一种质朴而自然的气息。这些纹理不仅增加了陶瓷的观赏性，更让每一件作品都拥有了独特的个性和灵魂。

在现代生活中，陶瓷依然扮演着重要的角色。无论是作为餐桌上的餐具，还是客厅中的装饰品，它都能以其独特的魅力，为空间增添一份宁静与和谐。人们在使用和欣赏陶瓷的过程中，也能感受到那份来自传统文化的熏陶和滋养。

将以上文案聚类语义相同的提示词。

Step 02　点击发送按钮，稍等片刻，即可让智谱清言 App 聚类语义相同的提示词。相关的回复内容如下。

智谱清言

传统工艺、瑰宝、岁月故事、质感温润、色泽、清新淡雅、沉稳内敛、匠人技艺、独特审美、陶瓷多样性、白瓷、纯净无瑕、简洁高雅、釉上彩、精细绘制、生动活力、纹理、细腻如丝、粗犷、质朴自然、观赏性、个性、灵魂、现代生活、餐具、装饰品、空间魅力、宁静和谐、传统文化、熏陶滋养。

3.1.6　根据搜索意图对提示词分类

根据搜索意图对提示词分类

根据搜索意图对提示词分类是一种将提示词分组的方法，根据搜索意图和目的将提示词归类到不同的分组当中。这种分类可以帮助网站或服务提供者更好地理解用户需求，从而提升用户体验。可以使用 Kimi 智能助手 App 来完成该操作。具体操作方法如下。

Step 01　在 Kimi 智能助手 App 中输入相应的提示词，并在文案的末尾加上“将以上内容根据搜索意图对提示词进行分类”。相关的提示词内容如下。

提问

这款笔记本电脑以其均衡的性能与便携性设计，成为了众多用户的心仪之选。它搭载了最新的处理器，确保了无论是日常办公、学习还是轻度游戏娱乐，都能流畅运行，满足用户多样化的需求。内存与存储空间充足，让用户无需担心多任务处理时的卡顿问题，同时也有足够的空间存储重要文件与大型应用。
屏幕方面，该笔记本采用了高清显示屏，色彩还原准确，亮度适中，即使在户外使用也能提供清晰的视觉体验。轻薄的机身设计，使得携带更为方便，无论是出差旅行还是日常通勤，都能轻松放入背包，不增加额外负担。
键盘手感舒适，键程适中，长时间打字也不易感到疲劳。触控板灵敏度高，支持多点触控手势，进一步提升了操作效率。此外，该笔记本还配备了丰富的接口，方便用户连接各种外设，扩展功能。
续航方面，这款笔记本电脑同样表现出色，内置大容量电池，配合智能节电技术，能够支持长时间的使用，减少频繁充电的烦恼。同时，它还支持快速充电技术，短时间内即可恢复大部分电量，让用户随时保持高效工作状态。
将以上内容根据搜索意图对提示词进行分类。

Step 02 点击发送按钮，稍等片刻，即可让 Kimi 智能助手 App 根据搜索意图对提示词进行分类。相关的回复内容如下。

Kimi

根据上述内容，可以将提示词分类如下：

1. 性能相关

· 最新处理器

· 流畅运行

· 多任务处理

2. 内存与存储

· 充足内存

· 存储空间

· 大型应用

3. 便携性设计

· 轻薄机身

· 携带方便

· 日常通勤

4. 续航能力

· 大容量电池

· 智能节电技术

· 快速充电技术

这些分类有助于用户在搜索时更精确地找到他们关心的笔记本电脑特性。

3.1.7 列出相关问题了解相关领域

列出与提示词相关的问题是指根据给定的提示词，生成与该提示词相关的问题列表，帮助用户更好地了解和掌握与提示词相关的知识领域。将它运用到文小言 App 当中。例如，文章中的提示词为“电动摩托车”，那么在文

列出相关问题
了解相关领域

小言 App 中输入“请列出与电动摩托车相关的问题”。具体的操作方法如下。

Step 01 在文小言 App 中输入相应的提示词，让其列出相关的问题。相关的提示词内容如下。

提问

请列出与电动摩托车相关的问题。

Step 02 点击发送按钮，稍等片刻，即可让文小言 App 根据提供的提示词列出相关的问题。相关的回复内容如下。

文小言

以下是一些与电动摩托车相关的问题：

1. 电动摩托车的续航里程是多少？
2. 电动摩托车的充电时间需要多长？
3. 电动摩托车的最高时速可以达到多少？
4. 电动摩托车的价格范围是多少？
5. 电动摩托车是否需要驾照和牌照？
6. 电动摩托车的维护和保养需要注意哪些方面？
7. 电动摩托车的电池寿命是多久？
8. 电动摩托车的载重能力如何？
9. 电动摩托车的动力性能与传统摩托车相比如何？
10. 电动摩托车有哪些充电方式？
11. 电动摩托车在冬季和夏季的使用性能是否有影响？
12. 电动摩托车的驾驶体验与传统摩托车有何不同？

▶ 专家指点

这些问题可以涉及该提示词的定义、特征、用途、操作方法及解决方案等方面，以满足用户对该提示词的各种信息需求。

3.1.8　生成完整的提示词策略

生成完整的
提示词策略

生成完整的提示词策略是指制定一个全面的计划和策略，以确定适合特定目标的提示词并加以管理和优化。生成完整的提示词策略需要考虑受众群体、竞争环境和数据分析等因素。提示词策略需要定期的监测、评估和调整，可以使用智谱清言 App 来完成该操作。具体的操作方法如下。

Step 01 在智谱清言 App 中输入相应的提示词，让其根据提示词制定计划。相关的提示词内容如下。

提问

根据电冰箱产品生成一个完整的提示词策略。

Step 02 点击发送按钮，稍等片刻，即可让智谱清言 App 生成相应的提示词策略。相关的回复内容如下。

智谱清言

为了制定一个有效的提示词策略，我们需要考虑目标受众在搜索电冰箱时可能使用的词汇。以下是根据搜索结果和电冰箱产品特性制定的提示词策略。

1. 产品特性相关提示词

· 节能省电

· 大容量存储

· 多功能分区

· 保鲜技术

· 静音运行

2. 用户评价相关提示词

· 高性价比

· 用户推荐

· 好评如潮

· 销量排行

· 口碑之选

3. 特定功能提示词

· 智能恒温

· 独立制冰

· 铜离子除菌

· 全空间保鲜

这些提示词涵盖了电冰箱的主要特点、用户评价、品牌、市场趋势、产品分类、制冷方式、循环系统、能效等级及购买攻略，有助于潜在客户在搜索时更容易找到相关产品。

3.2　使用 AI 工具优化提示词内容

利用不同 AI 工具中的自然语言生成功能，为用户提供各种应用场景下的语言交流和信息生成服务，优化提示词内容并提高内容的可读性和吸引力。本节将具体介绍使用 AI 工具优化提示词内容的技巧，帮助用户对提示词的使用更加熟悉。

3.2.1　用表格形式获取答案

用表格形式获取答案

在 Kimi 智能助手 App 中，可以使用表格形式列出答案以提供更清晰和结构化的信息。将相关问题和答案填入相应的单元格中，这样可以使答案更易读、整齐，并帮助读者更好地理解和比较不同的信息。具体的操作方法如下。

Step 01 在 Kimi 智能助手 App 中输入相应的提示词，让其用表格的形式对比油画和山水画的不同之处。相关的提示词内容如下。

提问

对比一下油画和山水画的不同之处，并做成表格。

Step 02 点击发送按钮，稍等片刻，即可让 Kimi 智能助手 App 根据提示词内容生成相应的表格信息。相关的回复内容如下。

Kimi

油画和山水画在多个方面存在显著的不同之处，以下是从几个关键维度进行的对比，并以表格形式呈现。

内容描述	油画	山水画
起源与发展	起源于文艺复兴时期，逐渐演变为独立的艺术形式，受到人文主义思潮和宗教信仰的影响	起源可追溯至古代岩画和简牍，隋唐时期成为独立艺术形式，深受儒、道思想影响
文化背景	西方文化与审美观念，强调对自然环境的观察与描绘，更注重细节与画面的逼真感	中国传统文化与哲学思想，尤其是儒、道思想，强调自然与人文的和谐统一
色彩运用	注重色彩的表现力和鲜明度，常用强烈的色彩对比和明暗变化，创造戏剧性和动感效果	强调自然景色的气韵和意境，色彩淡雅柔和，表现静谧、含蓄的情感
构图手法	常使用透视、远近法等技法，刻画景物的空间感和形态特征，构图复杂多变，具有层次感和视觉冲击力	喜欢采用“穿插”手法，画面多以侧面或俯视视角呈现，凸显立体感和深远感
表现手法	通过丰富的绘画技巧，如浓厚的质感、明暗交错的阴影和立体感强烈的线条，表现景色的真实感和立体感	运用淡墨轻染、清笔写意等技法，强调传情达意和抒发作者的内心感受，注重笔墨技巧和功力
作画工具与材料	使用油画笔、调色板、调色油等工具，颜料干后凝聚力强，可重复上色，修改方便	主要使用毛笔，按原料和性能分为硬毫、软毫、兼毫，颜色适宜平涂、薄涂和渲染，画面干得较快，不易修改
文化内涵	反映欧洲社会和文化变迁，如人文主义、理性主义等思潮的影响	蕴含中国传统哲学思想和审美观念，表达中国人对自然的崇拜、对人生的感悟，以及中庸之道

3.2.2　提供详细要求获取答案

提供详细要求获取答案

使用文小言 App 时没有获得满意的答案，这是因为文小言 App 没有收到具体的需求。用户在提问题之前，可以先问文小言 App 应该如何提问，通过这个前置问题，文小言 App 会提供全面的建议，有助于查漏补缺。具体的操作方法如下。

Step 01 让文小言 App 生成一个关于美术作品展的宣传标题。相关的提示词和回复内容如下。

提问

请帮我生成一个关于美术作品展的宣传标题。

文小言

当然，以下是一个关于美术作品展的标题建议，希望能够符合您的需求。

"异彩纷呈：当代美术精品展"

这个标题既体现了展览中美术作品的多样性和丰富性，又明确了作品的时代背景，同时强调了展出的作品都是精心挑选的精品。这样的标题既吸引眼球，又能够准确传达展览的核心信息。

Step 02 如果用户对文小言 App 生成的这个标题不满意，可以在提示词的后面提供详细的要求，随后文小言 App 将给出相应的建议和例子。相关的提示词和回复内容如下。

提问

请帮我生成一个关于美术作品展的宣传标题。请问我应该如何向你提问才能得到最满意的答案，请提供全面、详细的建议，针对每一个建议请你提供具体的提问范例，注意这些范例都是关于如何向你提问写标题的，最后根据你所有的建议，再综合提供一个总的提问范例，注意这个范例必须同时体现你所有的建议。

文小言

要得到一个满意的美术作品展宣传标题，你可以按照以下步骤提问。

1. 明确展览主题

提问范例：请问如何为一个以"自然与城市"为主题的美术作品展创建一个吸引人的宣传标题？

2. 确定目标受众

提问范例：我的目标受众是艺术院校的学生和专业人士，你能帮我想一个适合他们的美术作品展标题吗？

3. 提供展览特色

提问范例：这次展览将展出多位新锐艺术家的原创作品，有没有合适的标题建议？

4. 考虑展览时间地点

提问范例：展览将在春季的上海举办，能否结合时间和地点为我提供一个美术作品展的标题？

5. 预算和宣传渠道

提问范例：我们有一个有限的宣传预算，主要通过社交媒体进行推广，你能帮我想一个适合这类宣传方式的美术作品展标题吗？

6. 期望的标题风格

提问范例：我们希望标题能够简洁而富有诗意，你有什么建议？

综合以上建议，一个总的提问范例可能是这样的

"你好，我正在筹备一个美术作品展，展览将展出多位新锐艺术家的原创作品，主题围绕"自然与城市"的和谐共生。我们的目标受众主要是艺术院校的学生和专业人士，主要通过社交媒体进行宣传。我们希望标题简洁而富有诗意，请根据这些信息为我提供合适的宣传标题。"

Step 03 根据文小言 App 的回答来重新提问，并在问题后面加入“请给多个标题供我选择”。相关的提示词和回复内容如下。

提问

我正在筹备一个美术作品展，展览将展出多位新锐艺术家的原创作品，主题围绕"自然与城市"的和谐共生。我们的目标受众主要是艺术院校的学生和专业人士，主要通过社交媒体进行宣传。我们希望标题简洁而富有诗意，请根据这些信息为我提供合适的宣传标题，请给多个标题供我选择。

文小言

当然可以，以下是几个宣传标题供您选择。

1. "画布上的共生诗——自然与城市的艺术对话"
2. "城市森林——新锐艺术家描绘的自然脉动"
3. "和谐映像：自然之光点亮城市角落"
4. "都市绿洲：艺术中的自然与城市交融"
5. "边界融合——艺术视角下的自然与城市共生"
6. "绿意蔓延：艺术家笔下的城市自然交响曲"
7. "城市脉络中的自然颂歌——新锐艺术展"
8. "自然之韵，城市之影——探索和谐共生的艺术之旅"

▶ 专家指点

在提问的后面提供详细的要求就能获得更加细致的答案，从上文可以看到，第二次的回答相较于第一次的回答要更加全面，也更加符合期望。

3.2.3　以 ASCII 艺术形式获得结果

以 ASCII 艺术形式获得结果

美国信息交换标准编码（American standard code for information interchange，ASCII）艺术，也被称为 ASCII 图形或文本艺术，是一种使用 ASCII 字符来创作图像、图表和图案的艺术形式。ASCII 可以使用简单的字符来创作出各种形式的艺术作品，包括人物、动物、景物、标志和抽象图案等，可以将它运用到智谱清言 App 当中来。具体的操作方法如下。

Step 01 在智谱清言 App 中输入相应的提示词，让其根据提示词生成 ASCII 艺术形式的小狗。相关的提示词内容如下。

提问

用 ASCII 艺术形式生成一只小狗。

Step 02 点击发送按钮，稍等片刻，即可让智谱清言 App 生成符合要求的 ASCII 艺术形式的小狗，如图 3-1 所示。

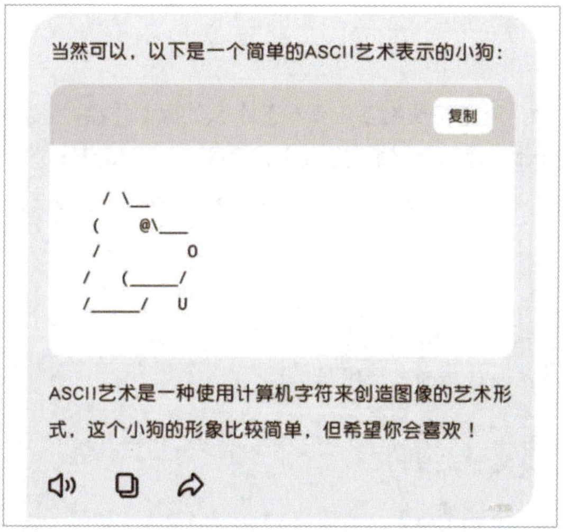

图 3-1　用 ASCII 艺术形式生成的小狗效果

3.2.4　通过扮演角色获取答案

通过扮演角色获取答案

向 Kimi 智能助手 App 进行角色扮演是指用户扮演某个角色或身份，并通过与 Kimi 智能助手 App 的对话来模拟该角色的言谈和行为。提供有关该角色的背景信息、情感状态、目标和观点，然后与 Kimi 智能助手 App 进行对话，以模拟该角色在特定情境下的回答和反应。具体的操作方法如下。

Step 01　在 Kimi 智能助手 App 中输入相应的提示词，赋予其身份获取相应的提示词建议。相关的提示词和回复内容如下。

提问

你现在是一位 AI 绘画师，请提供一些生成风景画的提示词建议。

Kimi

当然可以，以下是一些生成风景画的提示词建议，可以帮助您创作出美丽的画作。

1. 探索色彩与光影：尝试不同的色彩搭配和光影效果，比如清晨的柔和光线、黄昏的温暖色调、或是夜晚的深蓝与星光，来营造独特的氛围和情感。

2. 注重细节与层次感：在画面中细致描绘前景、中景和远景，通过不同的纹理、色彩和元素来增强画面的层次感，使观众能够感受到空间的深度和广度。

3. 融入自然元素：考虑将树木、花朵、流水、山石等自然元素融入画面，这些元素不仅能够丰富画面的内容，还能传达出大自然的宁静与和谐。

4. 创造故事性：给您的风景画设定一个背景故事或主题，比如一次孤独的旅行、一场浪漫的邂逅或是一个古老的传说。这样的故事性可以让画面更加引人入胜，引发观众的共鸣。

5. 尝试不同的构图：尝试使用三分法、对称、对角线等构图技巧来安排画面中的元素，使画面更加平衡和谐，同时也能够突出重点和引导观众的视线。

6. 结合现实与想象：在创作过程中，不妨将现实生活中的风景与您的想象相结合，创造出既真实又超现实的画面效果。这样的作品往往能够给人带来耳目一新的感觉。

7. 注重情感表达： 通过色彩、线条和形状等视觉元素来传达您的情感和情绪。无论是宁静、欢快、悲伤还是神秘，都要让观众能够感受到您所想要表达的情感。

8. 实践与反馈： 不断尝试新的创作方法和技巧，并勇于接受他人的反馈和建议。通过不断的实践和反思，您的绘画技能将会得到不断的提升和完善。

希望这些建议能够帮助您创作出更加优秀和富有创意的 AI 绘画风景画作品！

Step 02 让 Kimi 智能助手 App 整合上述建议，提供 5 个描绘山景的 AI 绘画提示词示例。相关的提示词和回复内容如下。

提问

请整合上述建议，提供 5 个山景的 AI 绘画提示词示例，要求专业的摄影写实风格。

Kimi

当然，以下是结合之前建议整合出的 5 个针对山景的 AI 绘画提示词示例，这些提示词旨在引导 AI 生成具有专业摄影写实风格的山景画作：

1. 晨曦初照，层峦叠嶂

提示词：清晨第一缕阳光穿透薄雾，照亮连绵不绝的山脉，山峰轮廓清晰，层次分明。运用冷暖色调对比，强调光影效果，捕捉山间云雾缭绕的细腻质感，展现大自然的壮丽与神秘。

2. 金秋时节，山林尽染

提示词：深秋的山林，枫叶如火，松柏常青，色彩斑斓。采用高饱和度色彩，精准描绘每一片叶子的细节与光影变化，展现山林间丰富的色彩层次与季节特色。强调光线透过树叶缝隙形成的光斑，增添画面的生动感。

3. 雪覆山川，银装素裹

提示词：冬日雪景，群山被皑皑白雪覆盖，一片银装素裹的世界。运用冷色调与细腻的纹理表现雪地的质感，捕捉雪花在阳光下的闪烁光芒。同时，注意山脉轮廓的清晰勾勒，以及远处雪雾朦胧的视觉效果，营造出静谧而壮美的氛围。

4. 黄昏时刻，群山剪影

提示词：夕阳西下，天边晚霞映照群山，形成一幅幅壮丽的剪影画面。强调光线的方向与强度，通过明暗对比突出山体的轮廓与质感。注意把握色彩的渐变与过渡，使画面既具有写实感又不失艺术表现力。

5. 雨后山间，云雾缭绕

提示词：雨后初晴，山间云雾缭绕，仿佛仙境一般。运用柔和的色调与细腻的笔触描绘云雾的轻盈与飘逸，同时注重山脉在云雾中的若隐若现效果。通过光影的巧妙运用，增强画面的空间感与层次感，让观众仿佛置身于这幅美丽的画卷之中。

Step 03 继续向 Kimi 智能助手 App 提问，要求重新生成提示词，在每个提示词示例中分别添加构图、光线、色彩等风格的提示词。相关的提示词和回复内容如下。

提问

请重新生成 5 个提示词示例，在每个提示词示例中分别添加构图、光线、色彩等风格的提示词信息。

Kimi

当然，以下是重新生成的 5 个针对山景的 AI 绘画提示词示例，每个示例都包含了构图、光线、色彩等风格方面的具体提示词信息。

1. 雄伟山脉，日出金光构图

· **构图**：采用三分法构图，将主峰置于画面右上方黄金分割点，前景留白以展现广阔空间。

· **光线**：清晨第一缕阳光从左侧斜射入画面，照亮主峰一侧，形成强烈的光影对比。

· **色彩**：以暖金色为主色调，结合橙红、淡紫等渐变色，营造温暖而充满活力的日出氛围。

2. 秋意浓山，对角线构图

· **构图**：利用对角线构图，将山脉从画面左下角延伸至右上角，引导视线深入画面。

· **光线**：侧光照射，强调树叶与岩石的纹理质感，增添层次感。

· **色彩**：以红、黄、绿为主色调，展现秋季山林的丰富色彩与深度。

3. 黄昏山影，剪影与色彩对比

· **构图**：采用低角度拍摄，以天空为背景，形成山脉的剪影效果。

· **光线**：黄昏时分的暖黄色调，与剪影的冷色调形成鲜明对比。

· **色彩**：天空采用橙红、紫罗兰等渐变色，增添画面的温馨与浪漫感。

4. 云雾缭绕，对称式构图

· **构图**：利用水面倒影形成对称式构图，山与云在水中形成镜像，增强画面的平衡感。

· **光线**：柔和的散射光，避免直射产生的强烈阴影，保持云雾的轻盈与飘逸。

· **色彩**：以灰白、淡蓝为主色调，营造云雾缭绕的朦胧美。

5. 雾中山林，透视构图

· **构图**：运用透视原理，展现雾中山林的深远与层次。

· **光线**：透过雾气的柔和光线，模糊远处的景象，增强透视效果。

· **色彩**：以灰白、淡绿为主色调，展现雾中山林的朦胧美与神秘感。

3.3 使用 AI 工具生成提示词

运用人工智能技术生成 AI 图像或短视频的提示词是现今互联网时代的一大流行趋势，并且随着研究的深入，其传播与应用会越来越广泛。本节主要介绍通过不同的 AI 工具获取提示词的方法，帮助用户快速获取需要的提示词文案内容。

3.3.1 确定提示词的主题方向

确定提示词的主题方向

编写有效的、具体的提示词是用户需要掌握的技能，而第一要义就是确定提示词的主题。例如，用户想利用文小言 App 生成一段有关夏季短袖的 AI 绘画提示词，那么“夏季短袖”便是提示词的主题，而“生成 AI 绘画提示词”则是用户的需求，组合在一起，就可以得到要输入的提示词——“帮我写一段有关夏季短袖的 AI 绘画提示词”。具体的操作方法如下。

Step 01 在文小言 App 中输入具体的提示词，确认提示词的主题方向。相关的提示词内容如下。

提问

帮我写一段有关夏季短袖的 AI 绘画提示词。

Step 02 点击发送按钮，稍等片刻，即可让文小言 App 生成夏季短袖的 AI 绘画提示词。相关的回复内容如下。

文小言

当然，结合您提供的对话内容，这里是一段关于 AI 绘画夏季短袖主题的提示词总结：

"一款轻盈透气的夏日短袖跃然画布。采用清新的天空蓝为底色，搭配以简约的热带水果图案点缀，洋溢着浓郁的夏日风情。短袖的材质通过细腻的笔触展现其柔软与舒适，领口与袖口则以简约的线条勾勒，凸显出穿着者的休闲与自在。光影在短袖上轻舞，营造出一种微风拂面的凉爽感，让人仿佛置身于夏日的清凉之中。"

3.3.2 细化描述加入具体特征

如果用户在给智谱清言 App 的提示词中已经说明了主题，但依然没有得到理想的回复，就可以进一步细化主题描述，多加入一些场景或对象的具体特征。具体的操作方法如下。

细化描述加入具体特征

Step 01 在智谱清言 App 的输入框中输入相应主题内容，点击发送按钮，便可以得到智谱清言 App 生成的回复，相关提示词和回复内容如下。

提问

我需要绘制一幅雪山风景图，请给我关于这幅图像的提示词。

智谱清言

当然可以，以下是一些关于绘制雪山风景图的提示词，希望能激发您的创作灵感：

1. **雪山巍峨：**展现山峰的雄伟与壮丽，突出雪山的高耸入云。
2. **白雪皑皑：**描绘山顶覆盖的厚厚积雪，反射出耀眼的光芒。
3. **蓝天白云：**以清澈的蓝天和飘渺的白云作为背景，增强画面的空间感。
4. **冷色调运用：**使用冷色调来表现雪山的寒冷氛围。
5. **冰川纹理：**细致刻画冰川的纹理和裂缝，展现大自然的鬼斧神工。
6. **山间云雾：**在山腰处描绘缭绕的云雾，增加画面的层次感。
7. **阳光照射：**捕捉阳光照射在雪山上的光影效果，形成明暗对比。
8. **岩石质感：**表现山体岩石的坚硬质感和色彩变化。
9. **极简主义：**采用简洁的线条和色彩，传达雪山的宁静与纯净。

Step 02 加入场景的具体特征，修改提示词的内容，让智谱清言 App 再次根据新的提示词生成回复，相关提示词和回复内容如下。

提问

我需要绘制一幅雪山风景图，请给我关于这幅图像的提示词，适当加入一些光线的描述，突出雪山的氛围，100 字以内。

智谱清言

晨曦初照，雪山之巅金光闪耀，蓝紫色阴影勾勒山脊，展现巍峨壮丽。阳光穿透稀薄云层，洒在皑皑白雪上，光影交错间，雪山更显圣洁与神秘，营造宁静而庄严的冬日仙境。

3.3.3 通过数字进行正确提问

通过数字进行正确提问

使用 Kimi 智能助手 App 进行提问前，要注意提示词的运用技巧，提问时要在问题中指定具体的数字，描述要精准，这样可以得到更满意的回答。例如“我需要 10 段关于长沙美食的提示词”，其中“10 段”就是具体的数字，“长沙美食”就是精准的地点描述。具体的操作方法如下。

Step 01 在 Kimi 智能助手 App 中输入相应的提示词，通过加入具体的数字来进行提问。相关的提示词内容如下。

提问

我需要 10 段关于长沙美食的提示词。

Step 02 点击发送按钮，稍等片刻，即可让 Kimi 智能助手 App 生成 10 段关于长沙美食的提示词。相关的回复内容如下。

Kimi

以下是 10 段关于长沙美食的提示词，每段都聚焦于长沙独特的饮食文化与美味佳肴。

1. **麻辣鲜香**：品味长沙臭豆腐的独特魅力。
2. **湘味浓郁**：感受麻辣烫的火辣热情。
3. **酸辣诱人**：品尝口味虾的绝佳口感。
4. **香醇可口**：享用糖油粑粑的甜蜜滋味。
5. **肉质鲜嫩**：品尝湘西腊肉的美味。
6. **汤汁浓郁**：品味牛肉粉的醇厚口感。
7. **香辣过瘾**：挑战长沙臭鳜鱼的独特风味。
8. **色香味俱佳**：品尝宁乡花猪肉质鲜美。
9. **鲜美爽滑**：享受湖南米粉的细腻口感。
10. **美味实惠**：尝遍长沙夜市的各式小吃。

3.3.4 指定语言风格进行模仿

指定语言风格进行模仿

当用户不知道如何编写提示词才能够获得满意的回复时，可以指定语言风格，让文小言 App 进行模仿，并按照特定风格来生成回复，用户可以指定自己喜欢的影视人物、动漫人物、作家、文学作品等语言风格，或者指定某平台的短视频风格。具体的操作方法如下。

Step 01 在文小言 App 中输入相应的提示词，让其模仿欧阳修的写作风格，提供一段场景描述的提示词。相关的提示词内容如下。

提问

请模仿欧阳修的语言写作风格，生成一段描述一个老人在江边钓鱼的提示词。

Step 02 点击发送按钮，稍等片刻，即可让文小言 App 模仿该作家的风格生成相应的回复内容。相关的回复内容如下。

文小言

以下是一段以欧阳修语言写作风格为灵感的，描述老人在江边钓鱼的提示词。

"江畔垂钓，老翁独坐。白发如霜，身姿佝偻。手持长竿，静候鱼儿。江水悠悠，波光粼粼。垂柳拂面，微风拂衣。鱼漂轻动，心随波动。岁月静好，悠然自得。"

3.3.5 提供具体案例让 AI 参考

用户在对智谱清言 App 进行提问时，可以提供一个具体的案例让其参考，等智谱清言 App 识别之后便可以生成更为满意的答案。具体的操作方法如下。

提供具体案例让 AI 参考

Step 01 向智谱清言 App 提供一段提示词，让其提供 5 段类似的提示词。相关的提示词内容如下。

提问

美食类图像的提示词不仅仅是展示食物，更是传达一种情感或氛围，如温馨、舒适、奢华或简约等，例如"一盘精心摆盘的法式甜点散发着诱人的光泽，细腻的奶油如云朵般轻盈地覆盖在新鲜的草莓上，金色的糖浆缓缓流淌，形成一幅甜蜜的图案。一束新鲜的薄荷叶作为点缀，为整个画面增添了一抹生机与清新，整个场景能感受到那份来自美食的细腻情感与匠心独运"，请提供 5 段类似的提示词。

Step 02 点击发送按钮，稍等片刻，即可让智谱清言 App 根据用户提供的提示词生成类似的提示词内容。相关的回复内容如下。

智谱清言

当然，以下是五段类似的美食类图像提示词，旨在传达不同的情感和氛围：

1. 一碗热气腾腾的拉面在昏黄的灯光下散发出家的温馨，浓郁的骨汤香气四溢，薄薄的猪肉片漂浮在汤面上，一旁是一颗颗饱满的鱼丸和几片翠绿的白菜，面条在汤汁中若隐若现，仿佛在讲述一个温暖的故事。
2. 一盘色彩缤纷的墨西哥卷饼铺陈在手工编织的餐垫上，丰富的馅料从卷饼两端露出，鲜嫩的牛油果绿、热烈的辣椒红和深沉的黑豆相互交织，营造出一种热情洋溢的异国风情，每一口都是对味蕾的挑逗。
3. 一杯手工调制的鸡尾酒在夜色中闪烁着诱惑的光芒，晶莹的冰块与鲜果切片在杯中碰撞出清脆的声响，细长的吸管静静地躺在液体表面，仿佛在邀请你进入一个奢华而神秘的夜晚。

4. 一份简约的日式早餐，米粒饱满的白米饭上摆放着几片粉嫩的鲑鱼片，一撮鲜绿的紫菜丝和一颗完美的煎蛋，简单却不失精致，透露出一种宁静致远的禅意，让人在忙碌的生活中找到片刻的平和。
5. 一桌丰盛的家常菜，红烧肉、清蒸鱼、炒时蔬，每一道菜都散发着家的味道，餐桌上摆满了各式各样的碗碟，筷子和勺子在灯光下闪着银光，家人围坐，欢声笑语，整个场景洋溢着满满的幸福和舒适。

3.3.6 通过视角增强画面感染力

通过视角增强画面感染力

通过第一人称视角，让观众仿佛置身于画面中，能够清晰地感受到场景中的氛围、情感和细节，增强阅读的沉浸感。例如，让 Kimi 智能助手 App 以第一人称视角，对唯美的风光图像画面进行提示词的提炼。具体的操作方法如下。

Step 01 在 Kimi 智能助手 App 的输入框中输入对话前提，确保 Kimi 了解第一人称视角。相关的提示词和回复内容如下。

提问

以第一人称视角生成图片的提示词，有什么特点。

Kimi

以第一人称视角生成图片的提示词，即从叙述者的个人视角出发，描述他们所看到、感受到的场景。这种写作方式具有以下特点：
1. **主观性**：描述的内容带有强烈的个人色彩和情感，反映了叙述者的个性和偏好。
2. **沉浸感**：读者可以更深入地体验叙述者的感受，仿佛自己就在场景中。
3. **情感丰富**：第一人称视角可以更直接地表达叙述者的情感反应，如喜悦、悲伤、惊讶等。
4. **细节关注**：叙述者可能会关注某些特定的细节，这些细节对他们来说可能具有特殊意义。
5. **视角限制**：由于是从个人视角出发，描述的内容可能会受到叙述者知识、经验或感知的限制。
6. **互动性**：第一人称视角可以增加叙述者与读者之间的互动，使读者更容易产生共鸣。
7. **故事性**：第一人称叙述往往带有故事性，可以吸引读者跟随叙述者的视角去探索和发现。
8. **不确定性**：由于叙述者的感知可能不完全准确，这种写作方式可能会带来一定的不确定性，增加悬念。
9. **语言风格**：第一人称视角的写作风格可能会更加口语化和直接，更接近日常对话。
10. **角色塑造**：通过第一人称视角，可以更有效地塑造叙述者的角色形象，展现其性格特点。

Step 02 让 Kimi 智能助手 App 根据特定的第一人称视角，提炼出相应图片的提示词内容。相关的提示词和回复内容如下。

提问

请以第一人称视角，对唯美的风光图像画面进行提示词的提炼。

Kimi

1. 我在山巅的黎明

· 我站在山巅，脚下是层层叠叠的云海，它们在晨光中翻滚，如同梦境一般。

· 东方的天空渐渐染上了橘红色的霞光，预示着新的一天即将到来。

· 我深吸一口清新的空气，感受着大自然的宁静与壮丽，心中充满了敬畏。

· 远处的山峰在晨雾中若隐若现，如同海市蜃楼，美得不真实。

· 我闭上眼睛，耳边只有风的声音和鸟儿的歌唱，这是大自然最纯粹的语言。

2. 我在海边的黄昏

· 我赤脚走在沙滩上，海浪轻轻地拍打着我的脚背，带来一丝丝的凉意。

· 天空被夕阳染成了绚烂的紫色和橙色，海面反射着天空的色彩，美得令人窒息。

· 我抬头望向天空，看着海鸥在晚霞中翱翔，它们的身影在天空中划出优美的弧线。

· 我坐在沙滩上，听着海浪的声音，感受着海风轻拂过我的脸颊，心中充满了平静。

· 我看着太阳缓缓沉入海平线，带走了一天的喧嚣，留下了一片宁静的夜空。

3. 我在森林的清晨

· 我漫步在森林的小径上，四周是郁郁葱葱的树木，它们在晨光中显得格外生机勃勃。

· 阳光透过树叶的缝隙，洒在地面上，形成斑驳的光影，如同一幅天然的画作。

· 我听到了远处溪流的声音，它清澈而悦耳，引导我走向森林的深处。

· 我蹲下身，触摸着湿润的泥土和翠绿的苔藓，感受着大自然的生命力。

· 我闭上眼睛，深呼吸，空气中充满了树木和花朵的香气，让我感到心旷神怡。

4. 我在草原的午后

· 我躺在柔软的草地上，头顶是一片蔚蓝的天空，几朵白云悠闲地飘过。

· 远处的牛羊在悠闲地吃草，它们的身影在草原上显得那么和谐。

· 我闭上眼睛，感受着阳光的温暖和微风的轻拂，心中充满了宁静。

· 我听到了远处牧羊人的歌声，它悠扬而遥远，给这片草原增添了一抹诗意。

· 我坐起身，看着远处的山峦，它们在阳光的照耀下，显得格外雄伟。

5. 我在城市的夜景

· 我站在高楼的阳台上，眼前是灯火辉煌的城市夜景，霓虹灯闪烁，车水马龙。

· 我看着街道上的人流，他们匆匆忙忙，每个人都在为生活奔波。

· 我抬头望向夜空，尽管城市的灯光让它显得有些暗淡，但星星依然在努力闪烁。

· 我闭上眼睛，听着城市的喧嚣，感受着它的活力和热情。

· 我看着远处的摩天轮，它在夜空中缓缓旋转，就像时间的车轮，永不停歇。

本章小结

本章主要介绍了AIGC提示词的应用。首先介绍了使用AI工具发掘提示词的方法，包括通过直接提问获取提示词、添加前缀生成同类提示词、查找长尾提示词、查找LSI提示词、聚类语义相同的提示词、根据搜索意图对提示词分类、列出相关问题了解相关领域及生成完整的提示词策略；其次介绍了使用AI工具优化提示词内容的方法，包括用表格形式获取答案、提供详细要求获取答案、以 ASCII 艺术形式获得答案及通过扮演角色获取答案；最后介绍了使用 AI 工具生成 AI 提示词的方法，包括确定提示词的主题方向、细化描述加入具体特征、通过数字进行正确提问、指定语言风格进行模仿、提供具体案例让 AI 参考及通过视角增强画面感染力。通过本章的学习，读者能掌握如何在 AIGC 中运用提示词。

课后实训

课后实训

鉴于本章知识的重要性，为了更好地掌握所学知识，将通过课后实训帮助读者进行简单的知识回顾和补充。

问题：使用文小言 App 生成绘制山水画的 AI 绘画提示词。

回答：下面介绍使用文小言 App 生成绘制山水画提示词的操作方法。

Step 01 在文小言 App 中输入相应的提示词，让文小言 App 提供相应的提示词示例。相关的提示词内容如下。

提问

请提供 10 个绘制山水画的 AI 绘画提示词示例。

Step 02 点击发送按钮，稍等片刻，即可让文小言 App 生成相应的 AI 绘画提示词示例。相关的回复内容如下。

文小言

以下是 10 个用于指导 AI 绘画系统绘制山水画的提示词示例。

1. 高山流水，云雾缭绕，中国传统山水画风格。
2. 悬崖峭壁，瀑布飞流直下，融入宋代山水画的意境。
3. 晨曦中的山水，阳光初照，树木葱郁，展现宁静之美。
4. 江南水乡，小桥流水人家，采用水墨画技法。
5. 秋天山色，红叶满山，溪流潺潺，表现秋意正浓。
6. 冬日雪景山水，白雪皑皑，松柏挺立，古典山水画风格。
7. 山水长卷，群山起伏，云海苍茫，展现宏伟壮观。
8. 湖光山色，倒影如画，运用淡彩渲染技法。
9. 峡谷深处，山石嶙峋，瀑布湍急，体现自然力量。
10. 月夜山水，月光皎洁，山影重重，营造出幽静氛围。

【AI 绘画篇】

第 4 章 AI 绘画的创意制作

4

随着现代科技的不断进步，AI 绘画已成为艺术创作领域的一股新兴势力。在艺术与科技的交汇点上，AI 绘画正以其独特的魅力，引领着创意表达的革新。本章将讲述 AI 如何将传统的绘画技艺与现代技术相结合，创造出令人惊叹的艺术作品。

本章重点

- 了解 AI 绘画的基础知识
- 了解 AI 绘画的应用场景
- 掌握优化 AI 绘画的渲染品质
- 掌握品鉴 AI 绘画的艺术风格

素质目标

- 能够拓宽艺术视野，提升读者审美鉴赏能力
- 掌握 AI 绘画工具的使用方法，提升读者在数字艺术领域的实践操作水平

4.1　AI 绘画的基础知识

AI 绘画是数字化艺术的新形式，为艺术创作提供新的可能性。那么，什么是 AI 绘画呢？AI 绘画的发展背景、技术原理、特点又是怎样的呢？本节将从这几个问题出发介绍 AI 绘画，让读者对 AI 绘画“知其然”。

4.1.1　AI 绘画的概念

AI 绘画是指人工智能绘画，是一种新型的绘画方式。人工智能通过学习人类艺术家创作的作品，并对其进行分类与识别，即可生成新的图像。只需要输入简单的指令，就可以让 AI 自动化地生成各种类型的图像，从而创造出具有艺术美感的绘画作品，如图 4-1 所示。

图 4-1　AI 绘画效果

AI 绘画主要分为两步，首先是对图像进行分析与判断，然后再对图像进行处理和还原。人工智能通过不断地学习，如今已经达到只需输入简单易懂的文字，就可以在短时间内得到一张效果不错的画面的效果，甚至能根据使用者的要求来对画面进行改变和调整，如图 4-2 所示。

图 4-2　进行改变和调整前后的画面

4.1.2　AI 绘画的发展背景

早在 20 世纪 50 年代，人工智能的先驱们就开始研究计算机如何产生视觉图像，但早期的实验主要集中在简单的几何图形和图案的生成方面。随着计算机性能的提高，人工智能开始涉及更复杂的图像处理和图像识别任务，如图 4-3 所示，研究者们开始探索将机器视觉应用于艺术创作当中。

图 4-3　AI 绘画处理复杂图像

直到生成对抗网络的出现，AI 绘画的发展速度逐渐开始加快。随着深度学习技术的不断发展，AI 绘画开始迈向更高的艺术水平。由于神经网络可以模仿人类大脑的工作方式，因此它们能够学习大量的图像和艺术作品，并将其应用于创造新的艺术作品当中。

如今 AI 绘画的应用越来越广泛。除了绘画和艺术创作之外，它还可以应用于游戏开发、虚拟现实及 3D 建模等领域，相关示例如图 4-4 所示。同时，也出现了一些 AI 绘画的商业化应用，例如将 AI 生成的图像印制在画布上进行出售。

图 4-4　将 AI 绘画技术应用于 3D 建模效果

总之，AI 绘画是一个快速发展的领域，在提供更高质量设计服务的同时，将全球的优秀设计师与客户联系在一起，为设计行业带来了创新性的变化，未来还有更多探索和发展的空间。

4.1.3　AI 绘画的技术原理

AI 绘画是由深度学习和生成对抗网络等技术驱动的，可以产生各种风格和类型的艺术作品，具有快速、高效等特点。下面将介绍 AI 绘画的技术原理，帮助读者进一步了解并把握 AI 绘画。

1．数据收集模型训练

为了训练 AI 模型，需要收集大量的艺术作品样本，并进行标注和分类。这些样本可以包括绘画、照片和图片等。根据收集的数据样本，使用深度学习技术训练一个 AI 模型，训练模型时需要设置合适的超参数和损失函数来优化模型的性能。

一旦训练完成，AI 模型就可以生成绘画作品，生成图像的过程是基于输入图像和模型内部的权重参数进行计算的。

2．生成对抗网络技术

生成对抗网络（generative adversarial network，GAN）是一种深度学习模型，由两个主要的神经网络组成：生成器和判别器。GAN 的主要原理是生成器和判别器通过博弈来协同工作，最终生成逼真的新数据。

通过训练两个模型的对抗学习，生成与真实数据相似的数据样本，从而逐渐生成越来越逼真的艺术作品。GAN 技术的优点在于可以生成高度逼真的样本数据，并且可以在不需要任何真实标签数据的情况下训练模型。GAN 的工作原理如图 4-5 所示。

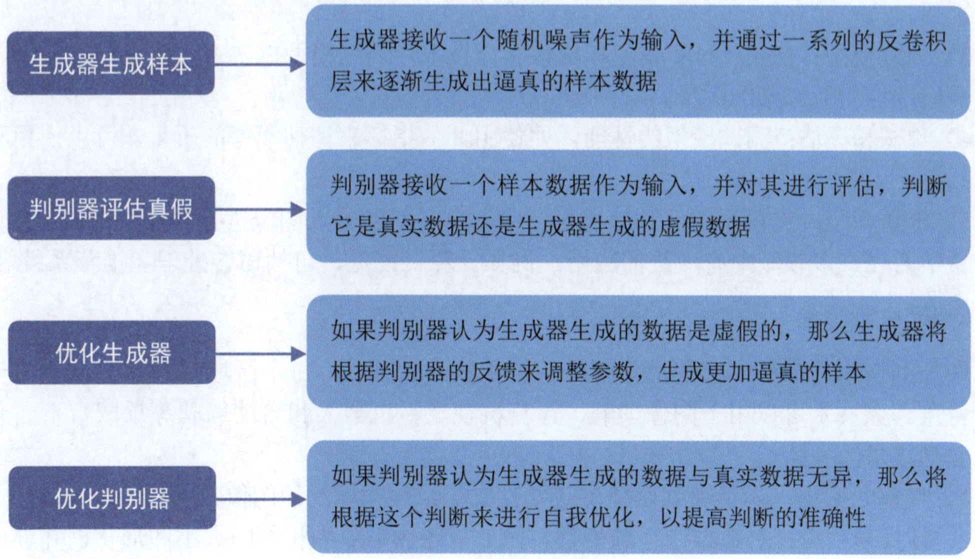

图 4-5　GAN 的工作原理

3．卷积神经网络技术

卷积神经网络（convolutional neural network，CNN）是一种用于图像、视频和自然语言处理等领域的深度学习模型。它通过模仿人类视觉系统的结构和功能，实现了对图像的高效处理和有效特征提取。卷积神经网络在 AI 绘画中起着重要的作用，主要表现在以下几个方面。

（1）卷积层：卷积层通过应用一系列的滤波器（也称为卷积核）来提取输入图像中的特征信息。每个滤波器会扫过整个输入图像，并将扫过的部分与滤波器中的权重相乘并求和，最终得到一个输出特征图。

（2）激活函数：在卷积层输出的特征图中，每个像素的值代表了该位置的特征强度。为了加入非线性，一般会在特征图上应用激活函数。

（3）池化层：池化层用于降低特征图的分辨率，并提取更加抽象的特征信息。常用的池化方式包括最大池化和平均池化。

（4）全连接层：全连接层将池化层输出的特征图转换为一个向量，然后通过一些全连接层对这个向量进行分类。

此外，CNN 还可以通过卷积核共享和参数共享等技术来降低模型的计算复杂度和存储复杂度，使得它在大规模数据上的训练和应用变得更加可行。

4．转移学习技术

转移学习又称为迁移学习（transfer learning），是一种利用深度学习模型将不同风格的图像进行转换的技术。具体来说，是使用卷积神经网络模型来提取输入图像的特征，然后使用风格图像的特征重构输入图像，以使其具有与风格图像相似的风格。下面具体讲解转移学习技术是如何实现的。

（1）收集数据集：为了训练模型，需要收集一组输入图像和一组风格图像。

（2）预处理数据：对数据进行预处理，例如将图像缩放为相同的大小和形状，并进行归一化和标准化。

（3）训练模型：使用 CNN 模型和转移学习技术，训练模型以学习如何将输入图像转换为具有与风格图像相似风格的图像。

（4）测试和评估：测试模型的性能，并使用评估指标来评估模型的质量，可以使用不同的评估指标。

（5）部署模型：将模型部署到应用程序中，以对新的输入图像进行转换。

转移学习在许多领域中有广泛的应用，例如计算机视觉、自然语言处理和推荐系统等。

5．图像分割技术

图像分割技术是指将一幅图像分解成若干个独立的区域，每个区域都表示图像中的一部分物体或背景。该技术可以用于图像理解、计算机视觉、机器人和自动驾驶等领域。下面介绍实现图像分割技术的方法。

（1）收集数据集：为了训练模型，需要收集一组包含标注的图像。

（2）预处理数据：对数据进行预处理，例如将图像缩放为相同的大小和形状，并进行归一化和标准化。

（3）训练模型：使用 CNN 模型和图像分割技术，训练模型以学习将图像分为不同的区域。

（4）测试和评估：测试模型的性能，并使用评估指标评估模型的质量。可以使用不同的评估指标。

（5）部署模型：将模型部署到应用程序中，以对新的图像进行分割。

在 AI 绘画中，图像分割技术可以用于将艺术作品中的不同部分进行精细化处理，例如对一个人物的面部进行特殊的处理。

在实际应用中，基于深度学习的分割方法往往表现出较好的效果，尤其是在语义分割等高级任务中。同时，对于特定领域的图像分割任务，如医学影像分割，还需要结合领域知识和专业的算法来实现更好的效果。

6．图像增强技术

图像增强技术是指利用计算机视觉技术对一张图像进行处理，使其更加清晰、更加亮丽。这种技术可以用于照片、视频、医学影像等各种领域。常见的图像增强方法如图 4-6 所示。

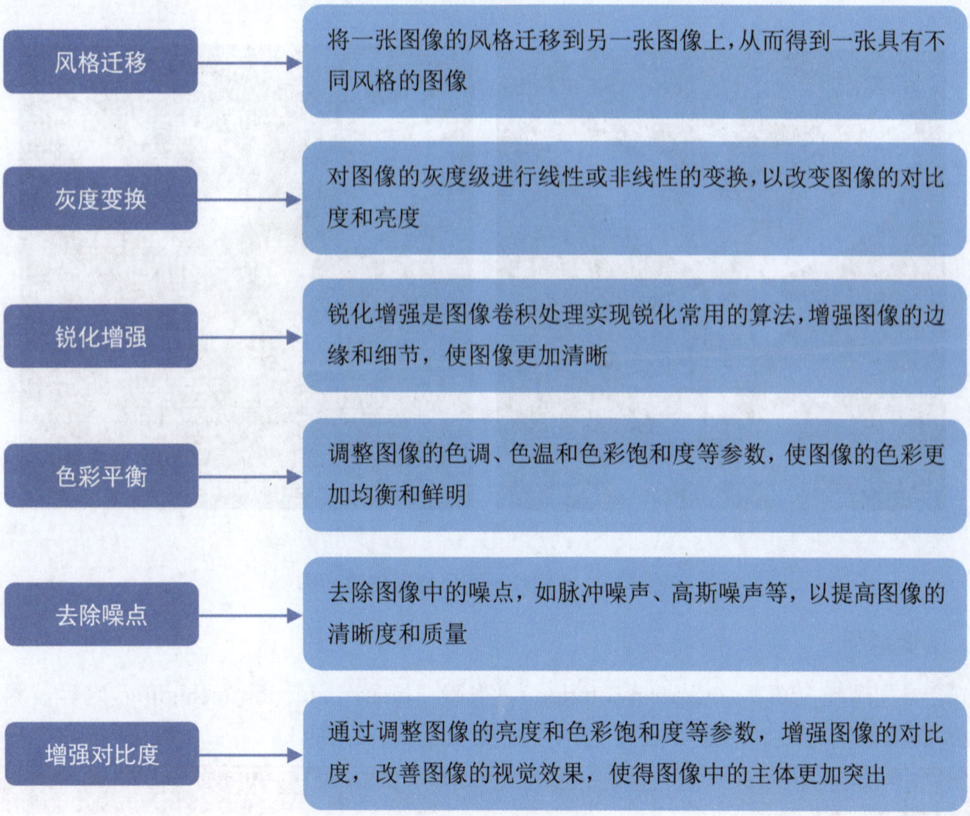

图 4-6　常见的图像增强方法

4.1.4　AI 绘画的技术特点

AI 绘画具有快速、高效、自动化等特点。它的技术特点主要在于能够利用人工智能技术和算法对图像进行处理和创作，实现艺术风格的融合和变换，提升用户的绘画创作体验。AI 绘画的技术特点包括以下几个方面。

1．图像生成

AI 绘画利用生成对抗网络、变分自编码器（variational auto encoder，VAE）等技术生成图像，实现从零开始创作新的艺术作品。

2．自适应着色

AI 绘画利用图像分割、颜色填充等技术，使计算机自动为线稿或黑白图像添加颜色和纹理，从而实现图像的自动着色。

3．风格转换

AI 绘画利用卷积神经网络等技术将一张图像的风格转换成另一张图像的风格，实现多种艺术风格的融合和变换。图 4-7 为用 AI 绘画创作的白鹭，图 4-7（a）为摄影风格，图 4-7（b）为油画风格。

（a）　　　　（b）

图 4-7　AI 创作不同风格的白鹭画作

4．图像增强

AI 绘画利用超分辨率（super-resolution）、去噪（noise reduction technology）等技术，可以大幅提高图像的清晰度和质量，使得艺术作品更加逼真、精细。

> ▶ 专家指点
>
> 超分辨率技术是通过硬件或软件的方法提高原有图像的分辨率。通过一系列低分辨率的图像来得到一幅高分辨率的图像过程就是超分辨率重建。
>
> 去噪技术是通信工程术语，是一种从信号中去除噪声的技术。图像去噪就是去除图像中的噪声，从而恢复真实的图像效果。

5．监督学习和无监督学习

AI 绘画利用监督学习（supervised learning）和无监督学习（unsupervised learning）等技术，对艺术作品进行分类、识别、重构、优化等处理，从而实现对艺术作品的深度理解和控制。

监督学习也称为监督训练或有教师学习，是利用一组已知类别的样本调整分类器的参数，使其达到所要求性能的过程。无监督学习是指根据类别未知（没有被标记）的训练样本解决模式识别中的各种问题。

4.1.5　AI 绘画的不同之处

AI 绘画通过算法来根据使用者输入的关键词生成图像，虽然表面上看起来跟传统绘画作品没有区别，但是 AI 绘画使用的是计算机程序和算法来模拟出绘画过程，而传统的手工绘画则依赖于人的创造力和想象力。下面分别来介绍这两者的特点，如图 4-8 所示。

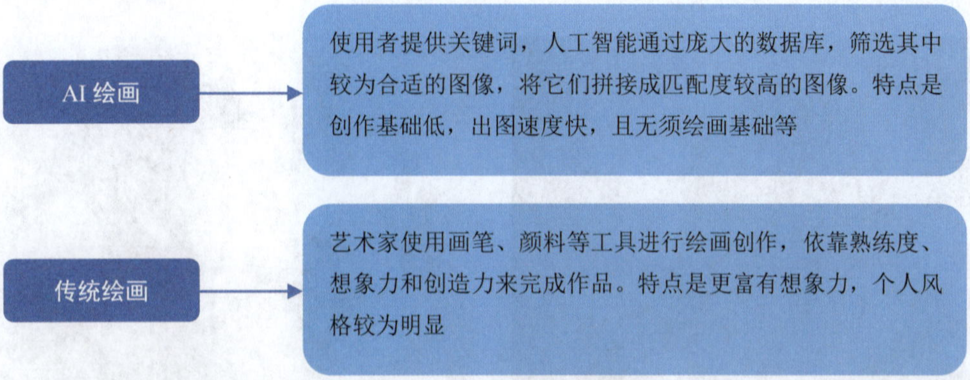

图 4-8　AI 绘画和传统绘画的特点

AI 绘画虽然能在短时间内出图，大大提高效率，但是在一些复杂的绘画任务上，例如描绘人物的表情、神态和情感等方面，其表现力还有所欠缺。其次，人类艺术家的个人风格是 AI 难以模拟出来的，每一个艺术家都有自己独特的艺术风格和创作思路，这些都是需要日积月累的学习和练习才能获得的，而 AI 绘画通过数据库模拟和拼凑现有的数据样本，缺乏了独特性和创意性。

4.2　AI 绘画的应用场景

AI 绘画在近年来得到了越来越多的关注和研究，其应用领域也越来越广泛，包括游戏、电影、动画、设计、模特等。AI 绘画不仅可以用于生成各种形式的艺术作品，包括绘画、素描、水彩画、油画、立体艺术等，还可以用于自动生成艺术品的创作过程，从而帮助艺术家更快、更准确地表达自己的创意。总之，AI 绘画是一个非常有前途的领域，将会对许多行业和领域产生重大影响。

4.2.1　游戏开发

AI 绘画可以帮助游戏开发者快速生成游戏中需要的各种艺术资源，例如，人物角色、背景等图像素材。下面是 AI 绘画在游戏开发中的一些应用场景。

（1）环境和场景绘制：AI 绘画技术可以用于快速生成游戏中的背景和环境，例如城市街景、森林、荒野、建筑等，如图 4-9 所示。这些场景可以使用 GAN 生成器或其他机器学习技术快速创建，并且可以根据需要进行修改和优化。

（2）角色设计：AI 绘画技术可以用于游戏中角色的设计，如图 4-10 所示。游戏开发者可以通过 GAN 生成器或其他技术快速生成角色草图，然后使用传统绘画工具进行优化和修改。

（3）纹理生成：纹理在游戏中是非常重要的一部分，AI 绘画技术可以用于生成高质量的纹理，例如石头、木材、金属等，如图 4-11 所示。使用不同的纹理可以营造出不同的环境氛围，优秀的纹理效果可以提升游戏爱好者的沉浸感和游戏体验，使游戏更吸引人。

（4）视觉效果：AI 绘画技术可以帮助游戏开发者更加快速地创建各种视觉效果，例如烟雾、水波、光影等，如图 4-12 所示。

图 4-9　使用 AI 绘画技术绘制的游戏场景

图 4-10　使用 AI 绘画技术绘制的角色草图

图 4-11　使用 AI 绘画技术绘制的金属纹理素材

图 4-12　使用 AI 绘画技术绘制的水波效果

（5）动画制作：AI 绘画技术可以用于快速创建游戏中的动画序列，如图 4-13 所示。AI 绘画技术还可以将手绘的草图转化为动画序列，并根据需要进行调整。

图 4-13　使用 AI 绘画技术绘制的动画序列

4.2.2 影视作品

AI 绘画技术在影视作品的制作中有着越来越广泛的应用，可以帮助制作人员快速生成各种场景和进行角色设计，以及特效和后期制作。下面是一些具体的应用场景。

（1）前期制作：在影视作品的前期制作中，AI 绘画技术可以用于快速生成概念图和分镜头草图，如图 4-14 所示，从而帮助制作人员更好地理解角色和场景，更好地规划后期制作流程。

（2）特效制作：AI 绘画技术可以用于生成各种特效，例如烟雾、火焰、水波等，如图 4-15 所示。这些特效可以帮助制作人员更好地表现场景和角色，从而提高影视作品的质量。

图 4-14 使用 AI 绘画技术绘制的电影概念图

图 4-15 使用 AI 绘画技术绘制的火焰特效

（3）角色设计：AI 绘画技术可以用于快速生成角色形象，如图 4-16 所示，通过角色形象可以帮助制作人员更好地理解角色，从而精准地塑造角色个性。

（4）环境和场景设计：AI 绘画技术可以用于快速生成环境和场景设计草图，如图 4-17 所示，这些草图可以帮助制作人员更好地规划影视作品的场景和布局。

图 4-16 使用 AI 绘画技术绘制的漫画角色

图 4-17 使用 AI 绘画技术绘制的场景设计草图

（5）后期制作：在影视作品的后期制作中，AI 绘画技术可以用于快速生成高质量的视觉效果，例如色彩修正、光影处理、场景合成等，如图 4-18 所示，从而提高影视作品的视觉效果。

图 4-18　使用 AI 绘画技术绘制的场景合成效果

AI 绘画技术在影视作品中的应用是非常广泛的，它可以加速创作过程、提高图像质量和创意创新度，为影视行业带来了巨大的变革和机遇。

4.2.3　设计和广告

在设计和广告领域中，使用 AI 绘画技术可以提高设计效率和作品质量，促进广告内容的多样化发展，增强产品设计的创造力和展示效果，以及提供更加智能、高效的用户交互体验。

AI 绘画技术可以帮助设计师和广告制作人员快速生成各种平面设计和宣传资料，如广告海报、宣传图等图像素材。下面是一些典型的应用场景。

（1）广告创意生成：AI 绘画技术可以用于生成创意的广告图像、文字，以及广告场景的搭建，从而快速地生成多样化的广告内容，如图 4-19 所示。

图 4-19　使用 AI 绘画技术绘制的手机广告图片

（2）美术创作：AI 绘画技术可以用于美术创作，帮助艺术家快速生成、修改或者完善他们的作品，提高艺术创作效率和创新能力，如图 4-20 所示。

（3）产品设计：AI 绘画技术可以用于生成虚拟的产品样品，如图 4-21 所示，从而在产品设计阶段帮助设计师更好地进行设计和展示，并得到反馈和修改意见。

图 4-20　使用 AI 绘画技术绘制的美术作品

图 4-21　使用 AI 绘画技术绘制的产品样品图

4.2.4　虚拟模特

相比于安排真实模特的拍摄和制作过程，AI 绘画生成模特可以在短时间内生成逼真的虚拟模特形象，如图 4-22 所示。AI 绘画技术可以加快广告和时尚项目的创意和设计过程，降低人力成本。

图 4-22　使用 AI 绘画技术生成的虚拟模特

4.3　优化 AI 绘画的渲染品质

通过添加渲染品质的相关提示词，用户可以更好地指导 AI 工具生成符合自己期望的绘画作品，同时也可以提高 AI 模型的准确率和绘画质量。本节主要介绍一些 AI 绘画的出图品质提示词，帮助读者提升 AI 图片的画质效果。

4.3.1　生成屡获殊荣的 AI 作品

生成屡获殊荣的 AI 作品

【效果展示】屡获殊荣的摄影作品是指在摄影界或相关领域中多次获得认可和奖项的作品，这些作品通常因其优秀的摄影技术、艺术表现力或者对主题的深刻表达而备受赞誉和肯定，效果如图 4-23 所示。

图 4-23　效果展示

下面介绍使用文心一格小程序生成屡获殊荣的 AI 作品的操作方法。

Step 01 打开文心一格小程序，进入文心一格小程序的主界面，点击界面下方的“AI 创作”按钮，如图 4-24 所示。

Step 02 执行操作后，进入“AI 创作”界面，❶在对话框中输入相应的提示词；❷设置“横图”尺寸；❸点击“立即生成”按钮，如图 4-25 所示。

Step 03 执行操作后，进入“预览图”界面，如图 4-26 所示，文心一格小程序将会根据用户提供的提示词生成相应的 AI 作品。

图 4-24　点击“AI 创作”按钮

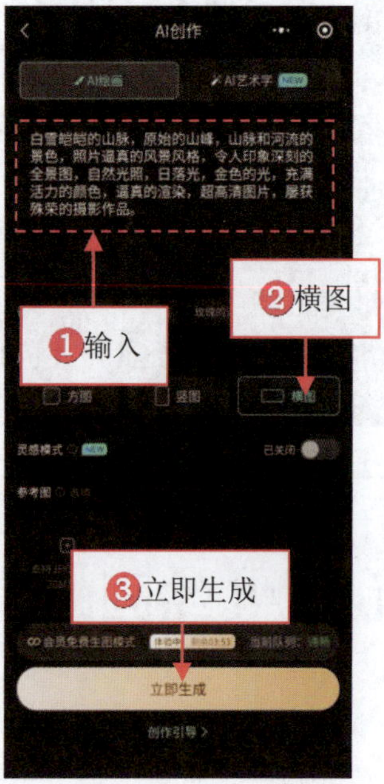

图 4-25　点击“立即生成”按钮

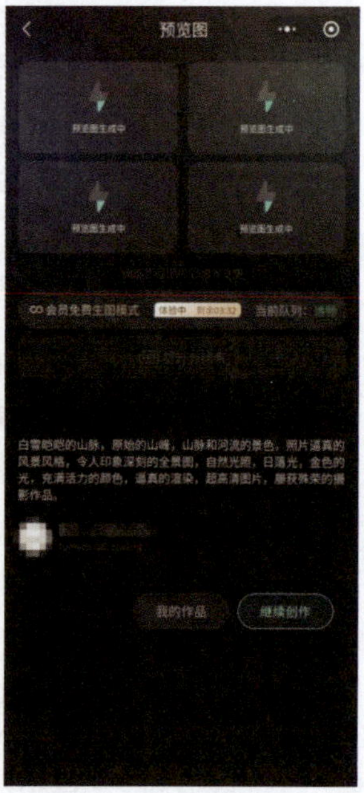

图 4-26　进入“预览图”页面

Step 04 稍等片刻后，即可生成 4 张相应的图片效果，如图 4-27 所示。

Step 05 在生成的 4 张图片中选择其中一张进行放大，❶例如这里选择第 3 张，点击第 3 张图片的预览图；❷点击“提升分辨率”按钮，如图 4-28 所示。

Step 06 执行操作后，即可在第 3 张图片的基础上进行更加精细的刻画，并放大图片效果，如图 4-29 所示，点击“下载”按钮即可将其保存下来。

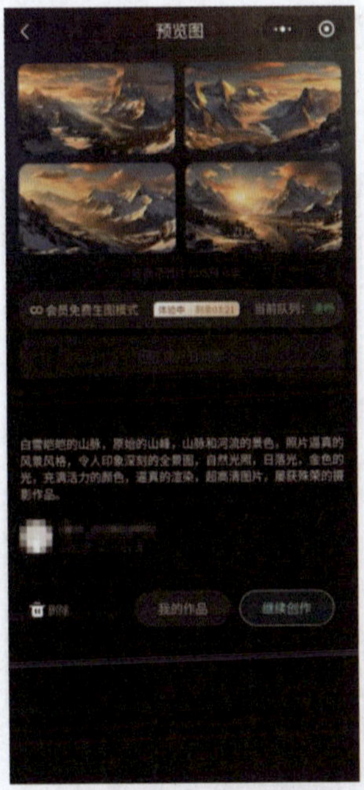

图 4-27　生成图片效果

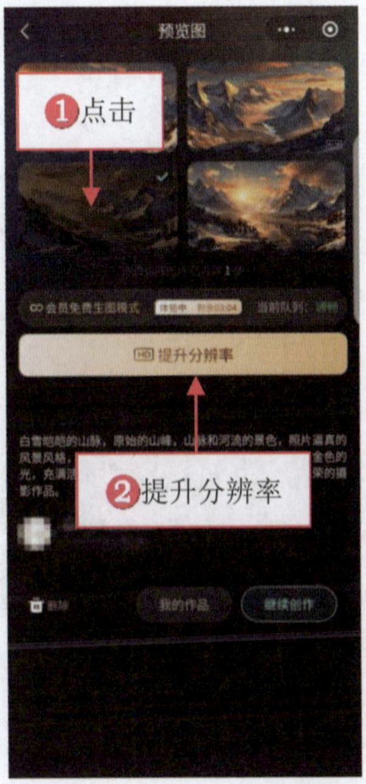

图 4-28　点击“提升分辨率”按钮

图 4-29　刻画并放大第 3 张图片

4.3.2　生成专业级的渲染画质

生成专业级的渲染画质

渲染品质通常是指照片呈现出来的某种效果，包括清晰度、颜色还原、对比度和阴影细节等，其主要目的是使照片看上去更加真实、生动和自然。在 AI 绘画中，也可以使用一些提示词来增强照片的渲染品质，进而提升 AI 绘画作品的艺术感和专业感。

【效果展示】专业级渲染可以指导 AI 模型生成具有专业水准的图像效果，生成的图像看起来非常逼真、高清、细节丰富、色彩准确，给人一种真实的感觉。图像中的细节处理也非常精细，各个部分的纹理、光影、色彩等都被处理得非常出色。这种图像具有很强的视觉冲击力，能够吸引观众的眼球，让人印象深刻，效果如图 4-30 所示。

图 4-30　效果展示

下面介绍使用即梦 AI App 生成专业级渲染画质图片的操作方法。

Step 01　打开即梦 AI App，进入“想象”界面，点击“图片生成”按钮，如图 4-31 所示。

Step 02 弹出相应的输入框，❶在其中输入相应的提示词；❷点击按钮，如图 4-32 所示。

Step 03 弹出相应的面板，在“选择比例”选项区中选择 16∶9 选项，如图 4-33 所示，即可设置图片的生成比例。

图 4-31　点击“图片生成”按钮

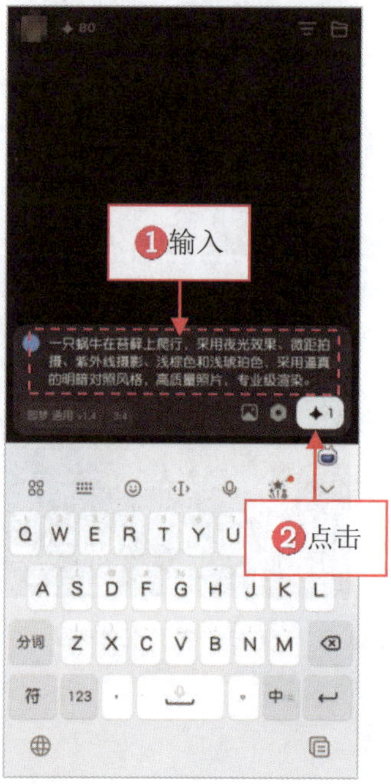

图 4-32　点击相应按钮（1）

图 4-33　选择 16∶9 选项

Step 04 点击按钮，即可生成 4 张相应的图片效果，如图 4-34 所示。

Step 05 在生成的 4 张图片中选择其中一张进行放大，例如这里选择第 2 张，点击第 2 张图片的预览图，然后点击 HD 按钮，如图 4-35 所示。

图 4-34　生成图片效果

图 4-35　点击相应按钮（2）

Step 06 执行操作后，即可在第 2 张图片的基础上进行更加精细的刻画，并放大图片效果，如图 4-36 所示。

Step 07 ❶点击⬇按钮，弹出相应面板；❷点击“保存”按钮，即可将图片进行保存，如图 4-37 所示。

图 4-36　刻画并放大图片效果

图 4-37　点击“保存”按钮

4.3.3　生成高细节/高品质的图片

生成高细节/高品质的图片

【效果展示】提示词“高细节”能够让照片具有高度细节表现能力，即可以清晰地呈现出物体或人物的各种细节和纹理，例如毛发、衣服的纹理等，效果展示如图 4-38 所示。在真实摄影中，通常需要使用高端相机和镜头拍摄并进行后期处理，才能实现高细节的效果。

图 4-38　效果展示

下面介绍使用豆包 App 生成高细节图片的操作方法。

Step 01 打开豆包 App，进入主界面，点击下方的“图片生成”按钮，如图 4-39 所示。

Step 02 弹出相应的输入框，在其中输入相应的提示词，如图 4-40 所示。

Step 03 ❶点击“比例”右侧的下拉按钮；❷在弹出的列表框中选择 16∶9 选项，如图 4-41 所示，即可设置图片的生成比例。

Step 04 点击⬆按钮，即可开始生成图片，并显示图片的生成进度，如图 4-42 所示。

Step 05 图片生成完成后，选择其中合适的一张，在其预览图的左下方，点击⬇按钮，如图 4-43 所示，即可将图片进行保存。

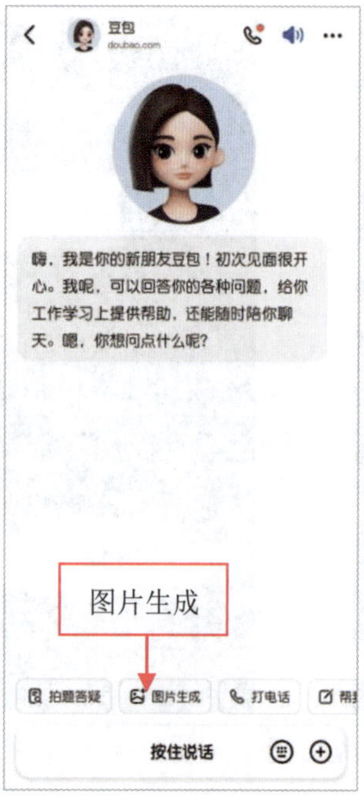

图 4-39　点击“图片生成”按钮

图 4-40　输入相应的提示词

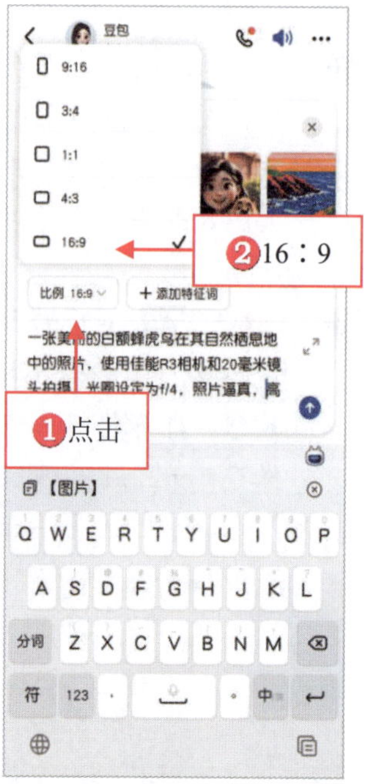

图 4-41　选择 16：9 选项

图 4-42　图片的生成进度

图 4-43　点击相应按钮

4.3.4　生成 8 K 高清晰的 AI 画质

【效果展示】8 K 流畅/8 K 分辨率，这组提示词可以让 AI 绘画作品呈现出更为清晰流畅、真实自然的画面效果，并为观众带来更好的视觉体验，效果展示如图 4-44 所示。

生成 8 K 高清晰的 AI 画质

图 4-44　效果展示

> **▶ 专家指点**
>
> 在提示词“8 K 流畅”中，8 K 表示分辨率高达 7 680 像素 × 4 320 像素的超高清晰度（注意 AI 模型只是模拟这种效果，实际分辨率达不到）；而“流畅”则表示画面更加流畅、自然，不会出现画面抖动或者卡顿等问题。

下面介绍使用可灵 AI 生成 8K 高清晰 AI 画质图片的操作方法。

Step 01　打开快影 App，进入“剪辑”界面，点击“AI 创作”按钮，如图 4-45 所示。

Step 02　执行操作后，进入“AI 创作”界面，在“AI 作图”选项区中，点击“立即体验”按钮，如图 4-46 所示。

Step 03　执行操作后，进入“AI 作图”界面，❶设置“生成风格”为“写实立体”；❷输入相应的提示词，如图 4-47 所示。

图 4-45　点击“AI 创作”按钮

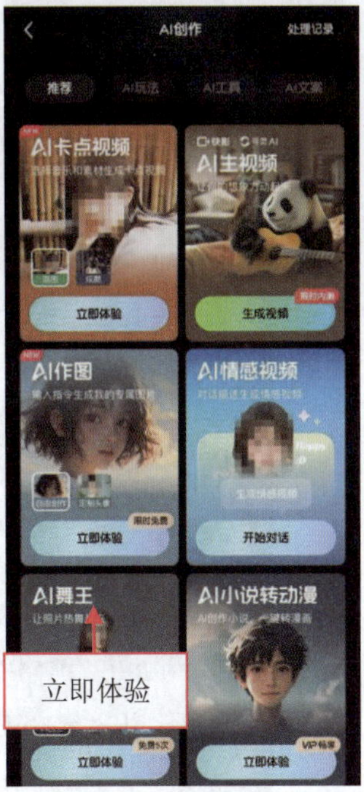

图 4-46　点击“立即体验”按钮

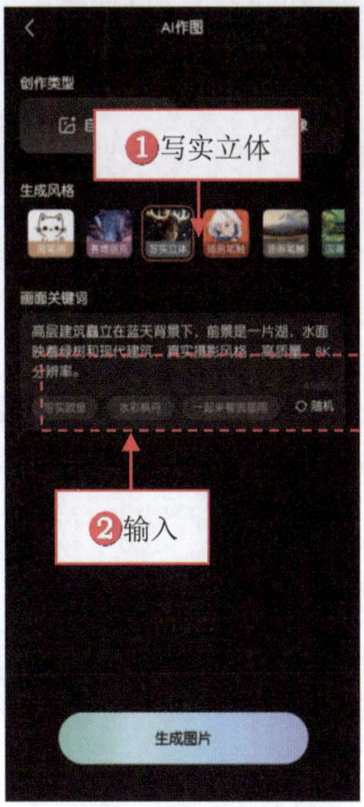

图 4-47　输入相应的提示词

Step 04 点击“生成图片”按钮，即可让可灵 AI 开始生成相应的图片，并显示生成的进度，如图 4-48 所示。

Step 05 稍等片刻后，可灵 AI 根据用户提供的提示词内容生成了 4 张相应的图片效果，点击界面右上角的“调整”按钮，如图 4-49 所示。

Step 06 弹出“调整”面板，在其中设置“画幅比例”为 16∶9，如图 4-50 所示，重新设置图片的生成比例。

图 4-48　显示生成进度

图 4-49　点击“调整”按钮

图 4-50　设置“画幅比例”为 16∶9

Step 07 点击“再次生成”按钮，即可重新生成相应的图片效果，如图 4-51 所示。

Step 08 ❶选择其中合适的一张，选中其预览图右上角的复选框；❷点击⬇按钮，如图 4-52 所示，即可将图片进行保存。

图 4-51　重新生成图片效果

图 4-52　点击相应按钮

4.4　品鉴 AI 绘画的艺术风格

艺术风格是指 AI 绘画作品中呈现出的独特、个性化的风格和审美表达方式，反映了制作人对画面的理解、感知和表达。本节将介绍 AI 绘画艺术风格的重点提示词，可以帮助读者更好地塑造自己的审美观，并提升图片的品质和表现力。

4.4.1　现实主义风格

现实主义风格

【效果展示】现实主义是一种致力于展现真实生活、真实情感和真实经验的艺术风格，更加注重如实地描绘自然，探索被摄对象所处时代、社会、文化背景下的意义与价值，呈现人们亲身体验并能够共鸣的生活场景和情感状态。使用文心一格小程序能够快速做出该效果，效果如图 4-53 所示。

图 4-53　效果展示

下面介绍使用文心一格小程序生成现实主义风格 AI 作品的操作方法。

Step 01 打开文心一格小程序，进入文心一格小程序的主界面，点击“AI 创作”按钮，如图 4-54 所示。

Step 02 执行操作后，进入“AI 创作”界面，❶在对话框中输入相应的提示词；❷设置“横图”尺寸；❸点击“立即生成”按钮，如图 4-55 所示。

图 4-54　点击“AI 创作”按钮

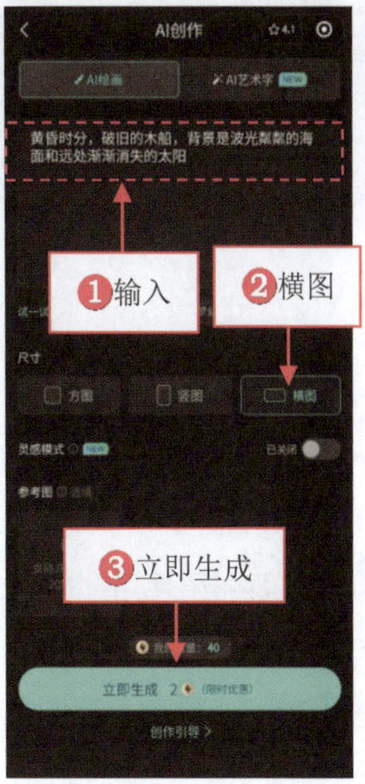

图 4-55　点击“立即生成”按钮

Step 03 执行操作后，即可生成 4 张相应的图片效果，❶选择其中合适的一张，点击其预览图；❷点击“提升分辨率”按钮，如图 4-56 所示。

Step 04 执行操作后，即可在所选图片的基础上进行更加精细的刻画，并放大图片效果，如图 4-57 所示，点击“下载”按钮即可将其保存下来。

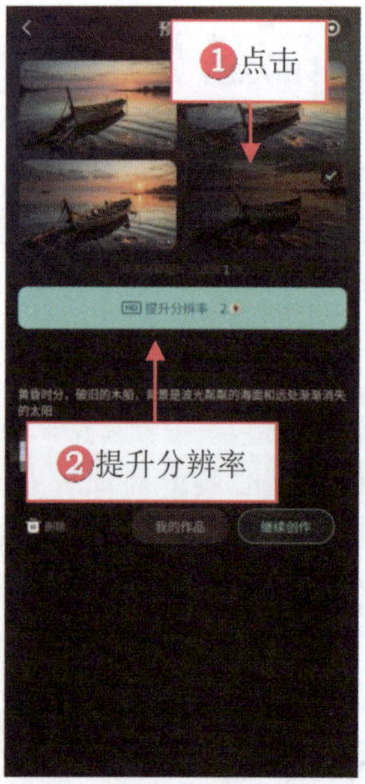

图 4-56 点击“提升分辨率”按钮

图 4-57 放大图片效果

4.4.2 极简主义风格

极简主义风格

【效果展示】极简主义是一种强调简洁、减少冗余元素的艺术风格，旨在通过精简的形式和结构来表现事物的本质和内在联系，追求视觉上的简约、干净和平静，让画面更加简洁而具有力量感。极简主义强调形式和构图的纯粹性，通过干净的线条和几何形状，展示了艺术作品的结构美，效果如图 4-58 所示。

图 4-58 效果展示

下面介绍使用即梦 AI App 生成极简主义风格 AI 作品的操作方法。

Step 01 打开即梦 AI App，进入“想象”界面，点击下方输入框，如图 4-59 所示。

Step 02 在弹出的面板中选择“图片生成”选项，❶输入相应的提示词；❷点击按钮，如图 4-60 所示。

Step 03 弹出相应的面板，设置“选择比例”为 16∶9，如图 4-61 所示。

图 4-59　点击输入框

图 4-60　点击相应按钮（1）

图 4-61　设置“选择比例”为 16：9

Step04　点击✦按钮，即可生成 4 张相应的图片效果，点击其中一张预览图，然后点击HD按钮，如图 4-62 所示，即可在该图片的基础上进行更加精细的刻画，并放大图片效果。

Step05　点击放大后的预览图，❶点击⬇按钮，弹出相应面板；❷点击“保存”按钮，即可将图片进行保存，如图 4-63 所示。

图 4-62　点击相应按钮（2）

图 4-63　点击“保存”按钮

4.4.3 超现实主义风格

超现实主义风格

【效果展示】超现实主义是指一种挑战常规的艺术风格，追求超越现实，呈现出理性和逻辑之外的景象和感受，效果展示如图 4-64 所示。超现实主义风格倡导通过夸张的手段表达非显而易见的想象和情感，强调表现制作人的心灵世界和审美态度。

图 4-64　效果展示

下面介绍使用豆包 App 生成超现实主义风格 AI 作品的操作方法。

Step 01　打开豆包 App，进入主界面，点击下方的“图片生成”按钮，如图 4-65 所示。

Step 02　弹出相应的输入框，在其中输入相应的提示词，如图 4-66 所示。

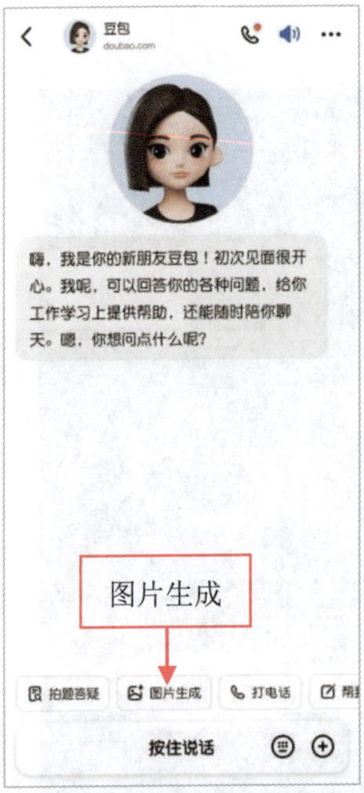

图 4-65　点击“图片生成”按钮

图 4-66　输入相应提示词

Step 03　❶点击“比例”右侧的下拉按钮；❷在弹出的列表框中选择 16∶9 选项，如图 4-67 所示，设置图片的生成比例。

Step 04 点击按钮，稍等片刻，即可生成图片效果，如图 4-68 所示。

Step 05 选择其中合适的一张，点击预览图左下方的按钮，如图 4-69 所示，将图片进行保存。

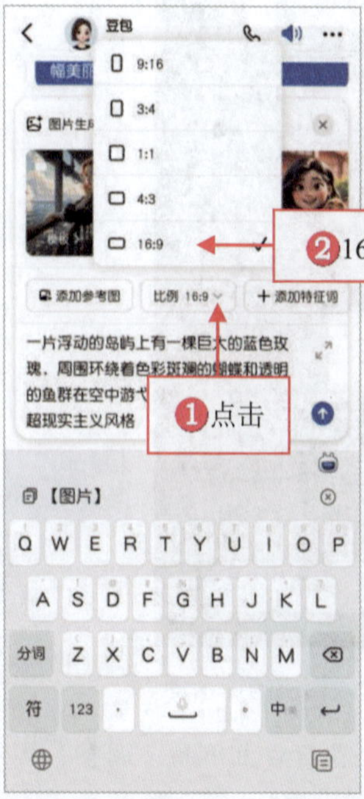

图 4-67　选择 16：9 选项

图 4-68　生成图片效果

图 4-69　点击相应按钮

4.4.4　插画笔触风格

插画笔触风格

【效果展示】插画笔触风格是指在绘画过程中，通过特定的绘画工具、手法和技巧所形成的线条、纹理和色彩的表现形式，效果如图 4-70 所示。

图 4-70　效果展示

下面介绍使用可灵 AI 生成插画笔触风格 AI 画作的操作方法。

Step 01 打开快影 App，进入“AI 作图”界面，如图 4-71 所示。

Step 02 ①设置“生成风格”为“插画笔触”；②输入相应的提示词，如图 4-72 所示。

图 4-71　进入“AI 作图”界面

图 4-72　输入相应的提示词

Step 03　点击“生成图片”按钮，即可生成相应的图片效果，点击界面右上角的“调整”按钮，如图 4-73 所示。

Step 04　弹出“调整”面板，❶设置“画幅比例”为 16：9；❷点击“再次生成”按钮，如图 4-74 所示，重新生成图片效果。

Step 05　选择其中合适的一张，❶选中其预览图右上角的复选框；❷点击⬇按钮，如图 4-75 所示，即可将图片进行保存。

图 4-73　点击“调整”按钮

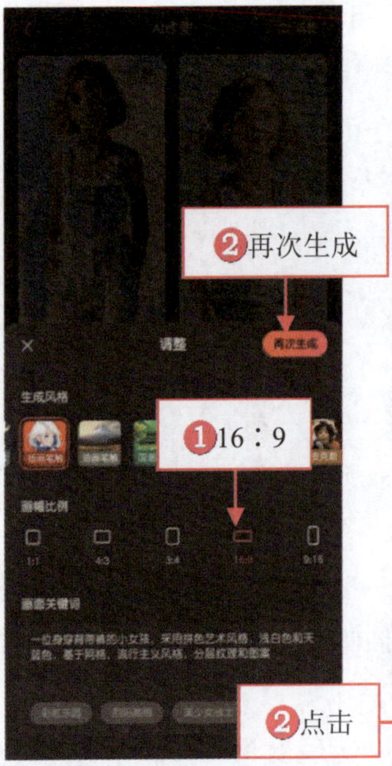

图 4-74　点击“再次生成”按钮

图 4-75　点击相应按钮

本章小结

本章主要介绍了 AI 绘画的创意制作。首先介绍了 AI 绘画的基础知识，包括 AI 绘画的概念、AI 绘画的发展背景、AI 绘画的技术原理、AI 绘画的技术特点及 AI 绘画的不同之处；其次介绍了 AI 绘画的应用场景，包括游戏开发、影视作品、设计和广告及虚拟模特；再次介绍了优化 AI 绘画的渲染品质，包括生成屡获殊荣的 AI 作品、生成专业级的渲染画质、生成高细节/高品质的图片、生成 8 K 高清晰的 AI 画质；最后介绍了品鉴 AI 绘画的艺术风格，包括现实主义风格、极简主义风格、超现实主义风格及插画笔触风格。通过本章的学习，读者应能掌握如何运用 AI 将传统的绘画技艺与现代技术相结合，创作瑰丽的艺术作品。

课后实训

课后实训

鉴于本章知识的重要性，为了更好地掌握所学知识，将通过课后实训帮助读者进行简单的知识回顾和补充。

问题：使用豆包 App 生成一张影视特效图片，效果如图 4-76 所示。

图 4-76　效果展示

回答：下面介绍使用豆包 App 生成影视特效图片的操作方法。

Step 01　打开豆包 App，进入首页，点击下方的“图片生成”按钮，如图 4-77 所示。

Step 02　弹出相应的输入框，❶在其中输入提示词内容；❷设置 16∶9 比例，如图 4-78 所示。

Step 03　点击⬆按钮，即可生成相应的图片效果，如图 4-79 所示。

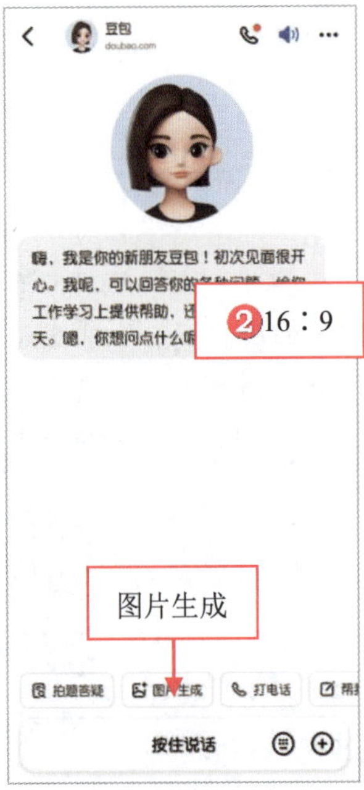

图 4-77　点击“图片生成”按钮

图 4-78　输入相应的提示词

图 4-79　生成图片效果

第 5 章
AI 绘画的绘制技巧

5

用户在使用 AI 工具生成图像时，可以使用一些技巧来帮助 AI 工具更好地定位主体和激发创意。本章将详细介绍一些 AI 绘画的绘制技巧，帮助读者创作出更多高质量的 AI 绘画作品。

本章重点

- 掌握文生图的高级绘画技巧
- 掌握图生图的高级绘画技巧

素质目标

- 培养读者突破思维定式，探索不同风格
- 培养读者形成快速试错的思维，提升迭代优化能力

5.1　文生图的高级绘画技巧

文生图技术是指根据给定的文本描述生成相应的图像。这种技术通常涉及自然语言处理和计算机视觉的结合，能够将文本信息转换为视觉内容。本节将主要介绍使用 AI 工具以文生图进行 AI 绘画的相关技巧，帮助用户更快上手 AI 绘画。

5.1.1　输入提示词生成 AI 图片

输入提示词生成 AI 图片

【效果展示】在即梦 AI 的“AI 作图”选项区中，通过“图片生成”功能，用户可以输入自定义的提示词，让 AI 生成符合自己需求的图像，效果对比如图 5-1 所示。

图 5-1　效果对比

下面介绍使用即梦 AI 输入提示词生成 AI 图片的操作方法。

Step 01 进入即梦 AI 的首页，在“AI 作图”选项区中单击“图片生成”按钮，如图 5-2 所示，使用“图片生成”功能进行 AI 作图。

图 5-2　单击“图片生成”按钮

Step 02　进入“图片生成”页面，如图 5-3 所示，在该页面中可以进行 AI 绘图操作。

图 5-3　进入“图片生成”页面

Step 03　在页面左上方的输入框中，❶输入 AI 绘画的提示词；❷单击“立即生成”按钮，如图 5-4 所示。

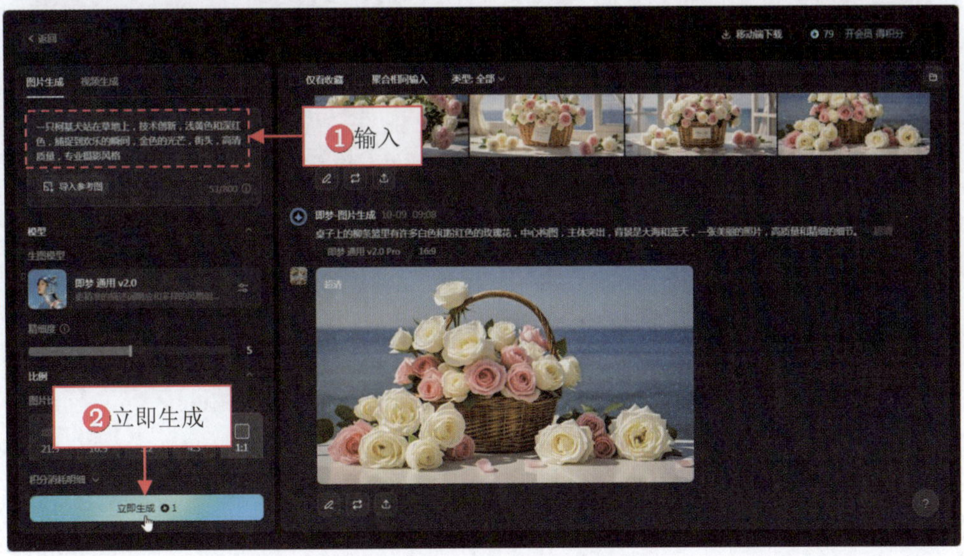

图 5-4　单击“立即生成”按钮

▶ 专家指点

在即梦 AI 创作过程中，需要用户注意的是，不论是进行 AI 作图还是 AI 视频创作，即使是相同的提示词，即梦 AI 每次生成的图片或视频效果也不一样。

Step 04　执行操作后，即可生成 4 张相应的 AI 图片，显示在右侧窗格中，如图 5-5 所示。

Step 05　选择其中合适的一张，单击预览图进行放大，然后单击图片右上角的“下载”按钮，如图 5-6 所示，即可将图片进行保存。

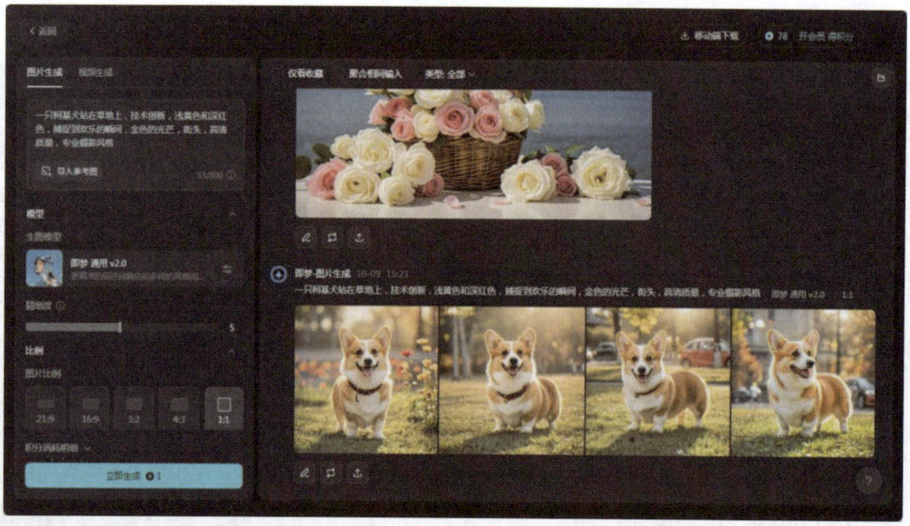

图 5-5　生成 4 幅相应的 AI 图片

图 5-6　单击“下载”按钮

5.1.2　选择生图模型并设置精细度

选择生图模型并设置精细度

即梦 AI 中的生图模型是指 AI 作图中用于生成图像的预训练模型。这些模型通常经过大量图像数据的训练，能够理解和生成各种风格和主题的图像。用户在选择模型时，可以基于想要生成的图像类型和风格来做出选择，以获得最佳的生成效果。

【效果展示】即梦 AI 中的精细度是指 AI 生成图像的细节水平，通常可以通过一个数值范围（如 1～10）来控制。精细度的调整影响图像的质量和生成时间，用户在使用时需要根据自己的具体需求和耐心程度来权衡精细度的设置。用户如果需要快速生成图像，可以选择较低的精细度；用户如果追求高质量的图像输出，就可以选择较高的精细度，效果对比如图 5-7 所示。

图 5-7 效果对比

下面介绍使用即梦 AI 选择生图模型并设置精细度的操作方法。

Step 01 在“AI 作图”选项区中单击“图片生成”按钮，进入“图片生成”页面，在页面左上方的输入框中，输入 AI 绘画的提示词，如图 5-8 所示。

图 5-8 输入 AI 绘画的提示词

Step 02 单击“模型”右侧的“修改”按钮，弹出“生图模型”列表框，选择“即梦 通用 v2.0 Pro”模型，如图 5-9 所示。这款模型大幅提升了多样性和真实的照片质感，无论是自然风格还是写实场景，或是艺术场景，即梦 AI 都能完美地生成相应的 AI 作品。

Step 03 在“模型”选项区中，拖曳“精细度”下方的滑块，设置“精细度”参数为 10，如图 5-10 所示。更高的精细度数值能使生成的 AI 图片具有更多的细节和更逼真的效果，同时会增加 AI 处理图像所需的时间。

图 5-9　选择“即梦　通用 v2.0 Pro”模型

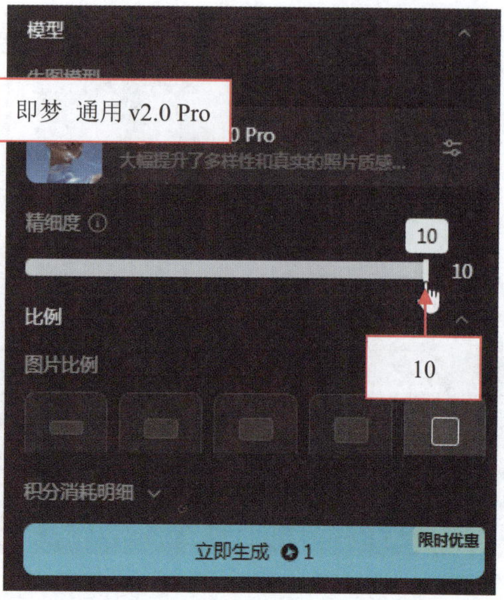

图 5-10　设置“精细度”参数为 10

Step 04　单击“立即生成”按钮，即可生成 4 张相应的 AI 图片，显示在右侧窗格中，如图 5-11 所示。从生成的 AI 图片可以看出图像的质量较高，画面清晰有质感，单击相应的 AI 图片，即可放大预览图片效果。

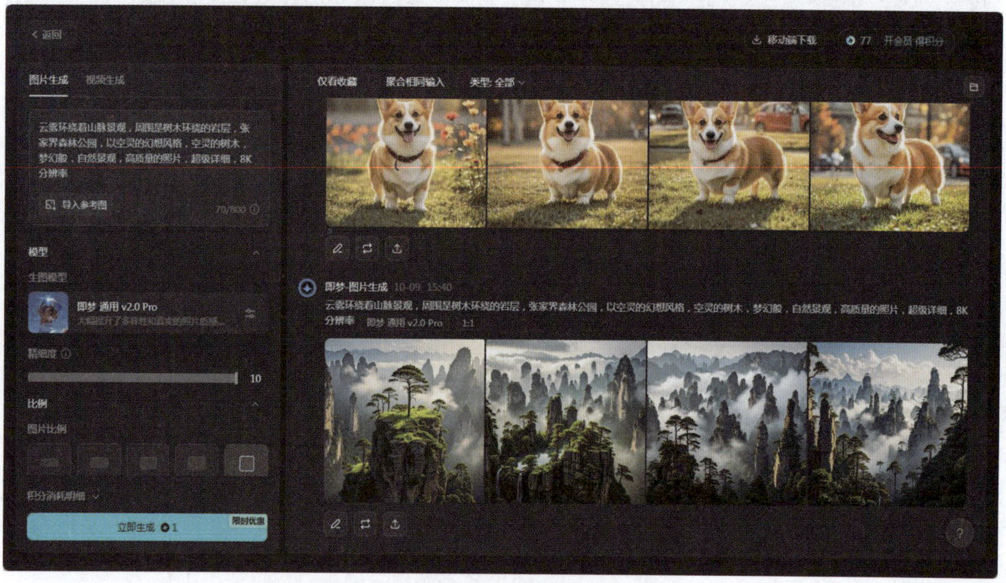

图 5-11　生成 4 张相应的 AI 图片

5.1.3　设置 AI 图片生成的比例

生图比例是指用户在生成 AI 图片时可以选择的图像宽高比。这个功能允许用户根据特定的展示平台、设计需求或个人偏好来定制图像的尺寸和形状。

【效果展示】在即梦 AI 平台中，提供了一些常见的图像比例，默认的生

设置 AI 图片生成的比例

图比例是 1∶1 的正方形尺寸，用户也可以根据平台的展示方式修改图像比例。图 5-12 为将 AI 图片设置为 16∶9 宽屏的效果对比，这种宽高比的图像非常合适作为视频封面。

图 5-12　效果对比

下面介绍使用即梦 AI 设置 AI 图片生成比例的操作方法。

Step 01　进入“图片生成”页面，在页面左上方的输入框中，❶输入 AI 绘画的提示词；❷展开“比例”选项区，选择 16∶9 选项，如图 5-13 所示。这是一种流行的图像和视频宽高比，广泛应用于多种视觉媒体和显示技术中。

图 5-13　选择 16∶9 选项

Step 02 单击“立即生成”按钮，即可生成 4 张 16：9 尺寸的 AI 图片，如图 5-14 所示。这种图像尺寸提供了较宽的视角，适合展现宽阔的场景。

图 5-14　生成 4 张 16：9 尺寸的 AI 图片

5.1.4　再次生成新的 AI 图片

再次生成新的 AI 图片

【效果展示】 在即梦 AI 平台中，用户如果对初次生成的结果不满意，可以使用“再次生成”按钮来获取新的 AI 作品，“再次生成”按钮提供了一种快速迭代的方法，可以帮助用户在短时间内尝试多种可能性，效果展示如图 5-15 所示。

图 5-15　效果展示

下面介绍使用即梦 AI 再次生成新的 AI 图片的操作方法。

Step 01 在上一例的基础上，单击相应 AI 图片下方的按钮，如图 5-16 所示。该操作将基于用户先前提供的输入（如文本描述、上传的图片、选择的风格等），重新生成新的 AI 图片。

图 5-16　单击相应按钮

Step 02 执行操作后，即可重新生成 4 张 16：9 尺寸的 AI 图片，如图 5-17 所示，用户通过重新生成过程，逐步得到他们想要的最终效果。

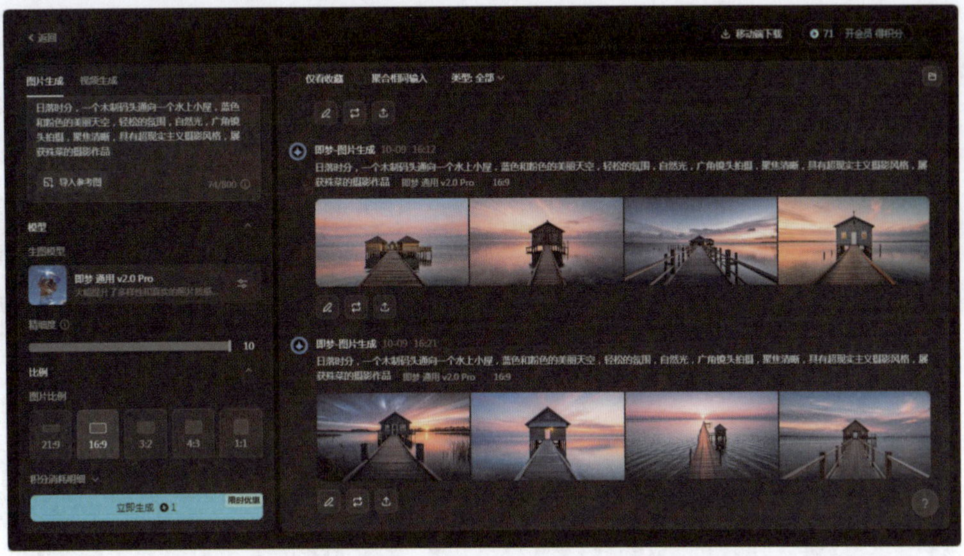

图 5-17　重新生成 4 张 16：9 尺寸的 AI 图片

> **▶ 专家指点**
>
> 在即梦 AI 平台中，相比于从头开始输入所有参数，“再次生成”可以快速让 AI 根据用户的上一次输入进行创作。用户可以使用“再次生成”按钮来测试不同的模型、风格或参数设置，而不需要离开当前的生成流程。

5.1.5 使用创艺 AI 画师发挥艺术创想

使用创艺 AI 画师
发挥艺术创想

【效果展示】 在文心一格中，“创艺”AI 画师融合了艺术创意和人工智能技术，使得生成的画作不仅具有极高的逼真度和细腻度，还散发着独特的艺术气息和创意灵感，效果对比如图 5-18 所示。

图 5-18 效果展示

下面介绍通过文心一格使用创艺 AI 画师生成图片的操作方法。

Step 01 进入文心一格的 AI 创作页面，切换至“自定义”选项卡，输入相应的提示词，如图 5-19 所示。

Step 02 设置“选择 AI 画师”为“创艺”，“数量”为 2，如图 5-20 所示。

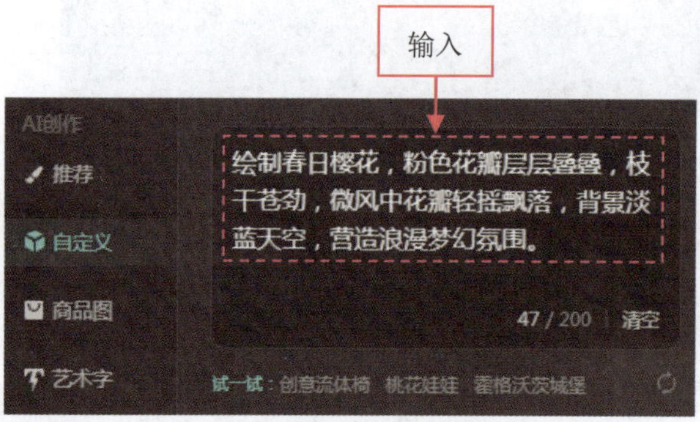

图 5-19 输入相应提示词

图 5-20 设置 AI 画师与数量参数

Step 03 单击“立即生成”按钮，即可生成相应的图像效果，如图 5-21 所示，“创艺”AI 画师能够为图像增添更多的艺术性和审美价值。

图 5-21　生成图片效果

5.1.6　使用二次元 AI 画师绘制动漫人物

【效果对比】“二次元”AI 画师的出图效果具有独特的艺术风格和视觉冲击力，可以将人们带入一个充满想象力和创造力的二次元世界，效果对比如图 5-22 所示。

图 5-22　效果对比

下面介绍通过文心一格使用二次元 AI 画师绘制动漫人物的操作方法。

Step 01 在“AI 创作”页面中切换至“自定义”选项卡，①输入相应的提示词；②选择“创艺”AI 画师；③设置相应的画面尺寸和出图数量；④单击“立即生成”按钮，生成相应的图像效果，画面具有写实感，如图 5-23 所示。

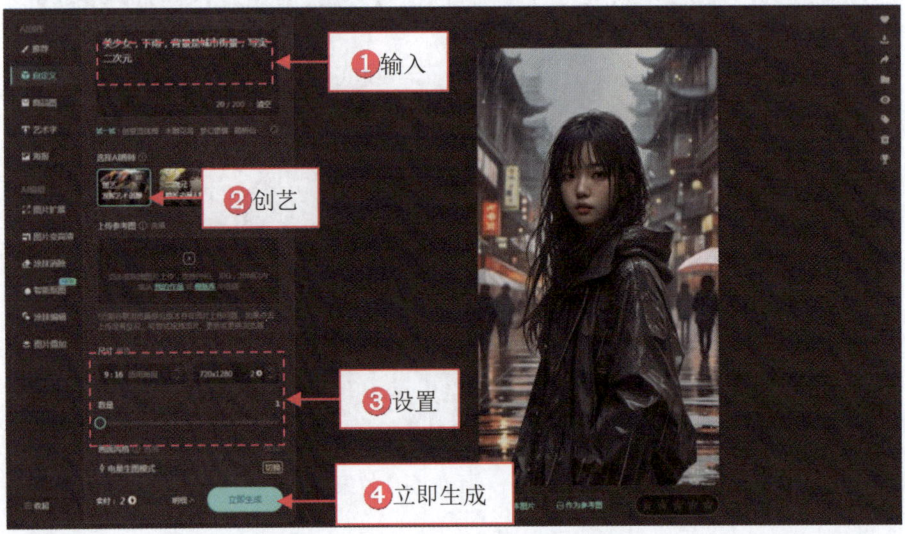

图 5-23 “创艺”AI 画师生成的图像效果

Step 02 ①选择“二次元”AI 画师，其他参数保持不变；②单击“立即生成”按钮，生成相应的图像效果，如图 5-24 所示。

图 5-24 “二次元”AI 画师生成的图像效果

> **▶ 专家指点**
>
> 通过对比可以看到，即使在提示词中加入了“二次元”，“创艺”AI 画师也无法画出二次元风格的效果；而选择了“二次元”AI 画师后，即可轻松画出二次元风格的效果，画面具有浓郁的动漫气息和超凡的创意想象。
>
> 二次元专门用来指代由动画、漫画、游戏等作品所构成的虚拟世界。“二次元”AI 画师的出图效果通常采用明亮和饱和度较高的色彩，以营造出鲜明的视觉效果。

5.1.7　用修饰词提升画面质量

【效果展示】使用修饰词可以提升 AI 工具的出图质量，而且修饰词还可以叠加使用，这里用文心一格作为演示，效果展示如图 5-25 所示。

图 5-25　效果展示

下面介绍在文心一格中用修饰词提升画面质量的操作方法。

Step 01 进入“图片生成”页面，在“AI 创作”页面中切换至“自定义”选项卡，❶输入相应的提示词；❷选择“创艺”AI 画师，如图 5-26 所示。

Step 02 在下方继续设置“尺寸”为 16∶9、“数量”为 1、“画面风格”为“产品摄影”，如图 5-27 所示。

图 5-26　选择“创艺”AI 画师

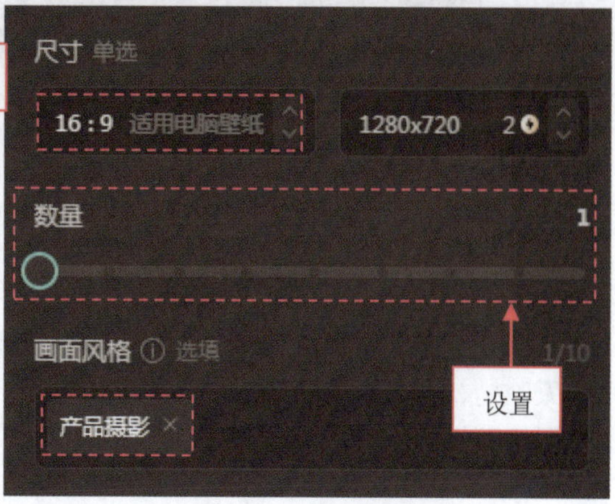

图 5-27　设置相应参数

Step 03 单击“修饰词”下方的输入框，在弹出的面板中单击“写实”标签，如图 5-28 所示，即可将该修饰词添加到输入框中。

Step 04 使用同样的操作方法，添加一个“摄影风格”修饰词，如图 5-29 所示。

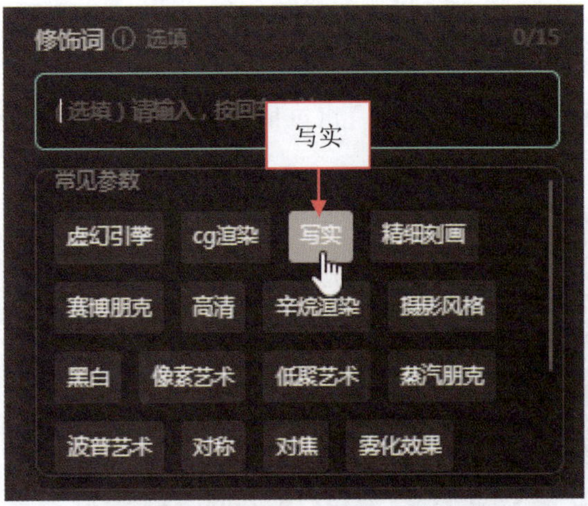

图 5-28　单击“写实”标签

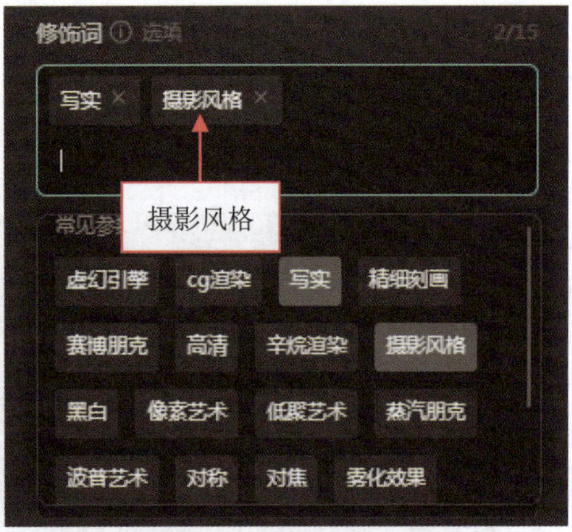

图 5-29　添加“摄影风格”修饰词

Step 05　单击“立即生成”按钮，即可生成品质更高且具有摄影感的产品图片，效果如图 5-30 所示。

图 5-30　生成相应的产品图片效果

5.2　图生图的高级绘画技巧

在当今数字艺术蓬勃发展的时代，图生图的技术已逐渐成为艺术家们创作过程中的重要工具。无论是初学者还是资深艺术家，都可以通过这一技术创造出令人满意的作品。本节将介绍图生图的高级绘画方法，分享实用的技巧和诀窍，帮助读者快速提升 AI 绘画水平。

5.2.1　基于参考图生成图像

【效果对比】使用文心一格的“上传参考图”功能，可以上传任意一张图片，通过文字描述想修改的地方，实现类似的图片效果，效果对比如图 5-31 所示。

图 5-31 效果对比

下面介绍使用文心一格基于参考图生成图像的操作方法。

Step 01 在"AI 创作"页面中切换至"自定义"选项卡，❶输入相应的提示词；❷设置相应的画面尺寸和出图数量；❸单击"立即生成"按钮，生成相应的图像效果，画面具有很强的微距摄影感，如图 5-32 所示。

图 5-32 生成相应的图像效果

Step 02 单击"上传参考图"下方的⊞按钮，弹出"打开"对话框，❶选择相应的参考图；❷单击"打开"按钮，如图 5-33 所示。

图 5-33 单击"打开"按钮

Step 03 执行操作后，即可成功上传参考图，单击“立即生成”按钮，生成相应的图像效果，画面与参考图不太像，而是更倾向于提示词的描述，这是因为参考图的“影响比重”太低，无法很好地引导 AI，如图 5-34 所示。

图 5-34　直接上传参考图生成相应的图像效果

Step 04 ❶设置“影响比重”为 5；❷单击“立即生成”按钮，生成相应的图像效果，画面比较接近参考图了，如图 5-35 所示。

图 5-35　设置“影响比重”参数后生成相应的图像效果（1）

▶ 专家指点

通过对比可以看到，“影响比重”参数的数值越大参考图对 AI 的影响就越大，因此用户可以根据实际需要来调整“影响比重”参数。

Step 05 ❶设置“影响比重”为 10；❷单击“立即生成”按钮，生成相应的图像效果，可以看到画面与参考图可以说是如出一辙，如图 5-36 所示。

图 5-36　增加“影响比重”参数后生成相应的图像效果（2）

5.2.2　参考景深关系生成图像

参考景深关系生成图像

【效果对比】景深是指在摄影中，被摄物体前后的清晰范围。它能够营造出一种深度感，使图像具有三维空间的效果。借助即梦 AI 的图生图功能，可以利用图像中的景深关系来生成新的图像，效果对比如图 5-37 所示。

图 5-37　效果对比

> **▶ 专家指点**
>
> 即梦中的景深图其实就是一种深度图，它是控制图像结构和光影效果的工具，不仅可以用来复原画面构图，还能结合提示词实现更加精细的图像表现。

下面介绍在即梦 AI 中参考景深关系以图生图的操作方法。

Step 01 进入“图片生成”页面，单击“导入参考图”按钮，弹出“打开”对话框，❶选择相应的参考图；❷单击“打开”按钮，如图 5-38 所示。

Step 02 执行操作后，弹出“参考图”对话框，❶设置“生图比例”为 4∶3；❷选中“景深”单选按钮；❸单击“保存”按钮，如图 5-39 所示，即可上传参考图，系统会自动识别图像中的深度信息，并生成相应的景深图。

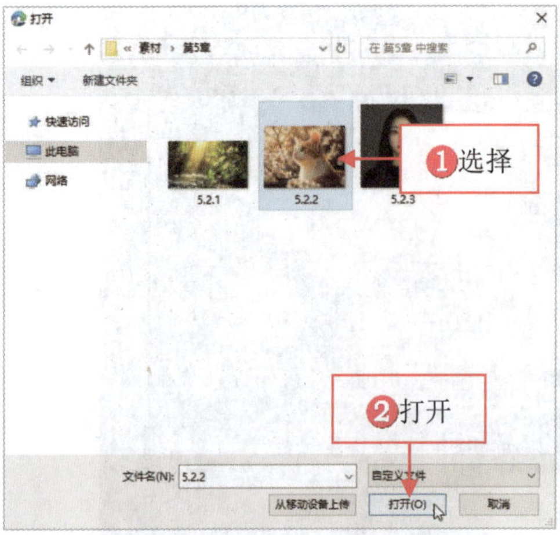

图 5-38　单击“打开”按钮

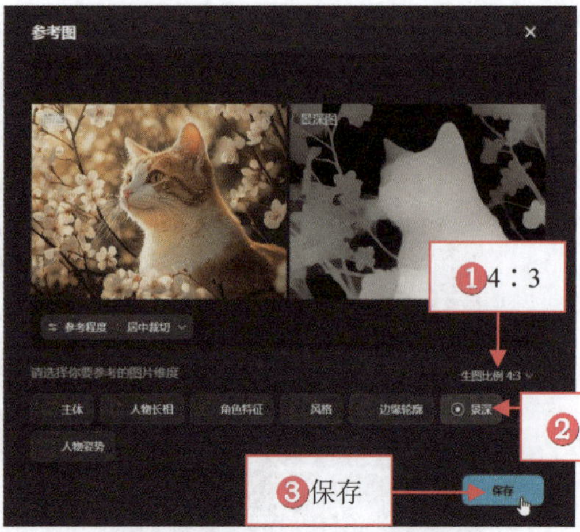

图 5-39　单击“保存”按钮

Step 03 ❶输入相应提示词；❷设置“图片比例”为 4∶3；❸单击“立即生成”按钮，AI 会根据参考图中的景深关系生成相应的图像，同时将场景中的樱花变成桃花，效果如图 5-40 所示。

图 5-40　生成相应的图像效果

> **▶ 专家指点**
>
> 在即梦 AI 平台中，虽然没有直接的选项设置来控制景深，但可以通过一些提示词来指导 AI 生成具有特定景深效果的图像，如“聚焦主体”“中心聚焦”“背景模糊”“柔和背景”“前景虚化”“模糊前景”“小清晰范围”“大清晰范围”“大光圈效果”“小光圈效果”“增加深度感”“强烈的深度效果”“清晰的前后层次”“细节清晰”等。

5.2.3　参考图片主体生成 AI 图片

参考图片主体生成 AI 图片

【效果对比】在即梦 AI 的“参考图”功能中，AI 首先会识别参考图片中的主要对象或视觉焦点，包括人物、动物或物体等，然后分析参考图片的风格和视觉特征。在生成新图片时，AI 会尝试保持参考图片中的主体内容不变，同时对背景或其他元素进行创意变化，效果对比如图 5-41 所示。

图 5-41　效果对比

下面介绍使用即梦 AI 生成人像摄影照片的操作方法。

Step 01 进入“图片生成”页面，单击“导入参考图”按钮，如图 5-42 所示。

Step 02 执行操作后，弹出“打开”对话框，选择相应的参考图，如图 5-43 所示。

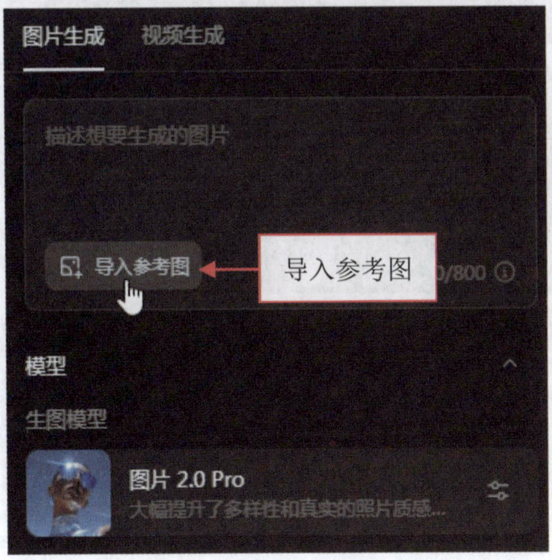

图 5-42　单击“导入参考图”按钮

图 5-43　选择相应的参考图

Step 03 单击“打开”按钮，弹出“参考图”对话框，如图 5-44 所示。

Step 04 选中“主体”单选按钮，如图 5-45 所示，此时 AI 会自动识别参考图中的人物主体，并高亮显示人物主体。

Step 05 单击“保存”按钮，返回“图片生成”页面，输入框中显示了已上传的参考图，❶输入相应的内容描述，指导 AI 生成理想的图片效果；❷单击“立即生成”按钮，即可生成 4 张相应的 AI 图片，如图 5-46 所示，

图 5-44　弹出“参考图”对话框

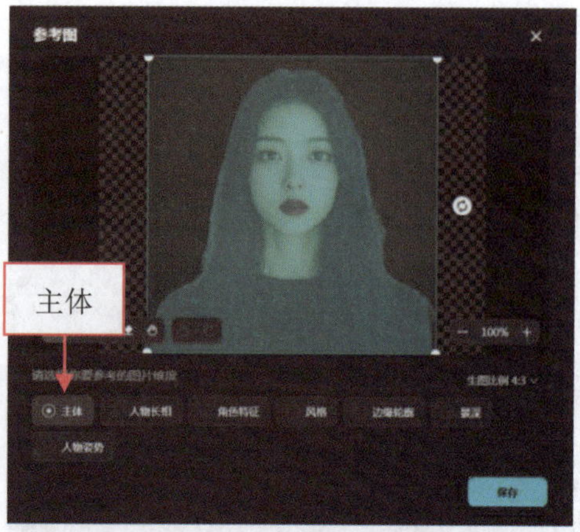

图 5-45　选中“主体”单选按钮

图 5-46　生成 4 张相应的 AI 图片

5.2.4　参考人物长相生成 AI 图片

【效果对比】在即梦 AI 的“参考图”功能中，可以参考图片中的人物长相来生成 AI 图片，这是一种以人物肖像为参考主体的 AI 图片生成技术，侧重于分析人物图像的面部特征和风格，以创建新的 AI 图像，效果对比如图 5-47 所示。

参考人物长相生成 AI 图片

▶ 专家指点

通过“人物长相”功能进行以图生图时，AI 模型首先需要识别图片中的人脸，包括五官、发型、表情以及面部轮廓；然后提取人物面部的关键特征，如眼睛的形状、鼻子的轮廓和微笑的弧度等；接下来尝试理解和模拟人物的表情，无论是微笑、严肃还是其他情感状态；最后，AI 进行创造性重构，在生成新图片时，AI 会努力保持原图中人物的肖像风格，如写实、卡通或油画效果，在保持人物长相的基础上，对背景、服饰或场景进行创意性的重构。

图 5-47 效果对比

下面介绍使用即梦 AI 参考人物长相生成 AI 图片的操作方法。

Step 01 进入“图片生成”页面，单击“导入参考图”按钮，弹出“打开”对话框，选择需要上传的参考图，如图 5-48 所示。

Step 02 单击“打开”按钮，弹出“参考图”对话框，选中“人物长相”单选按钮，如图 5-49 所示，此时 AI 会自动识别参考图中的人物长相。

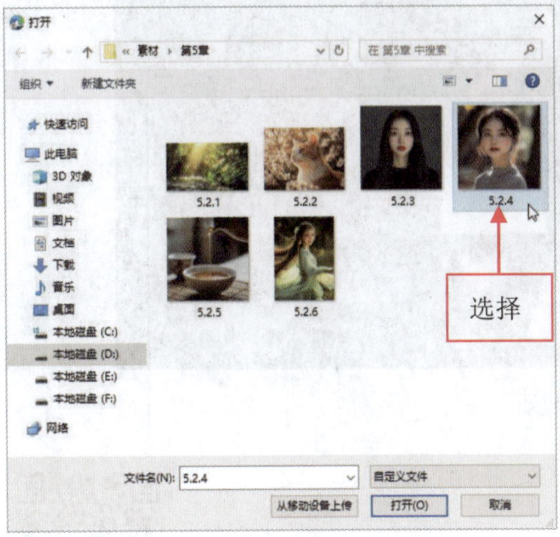

图 5-48 选择需要上传的参考图

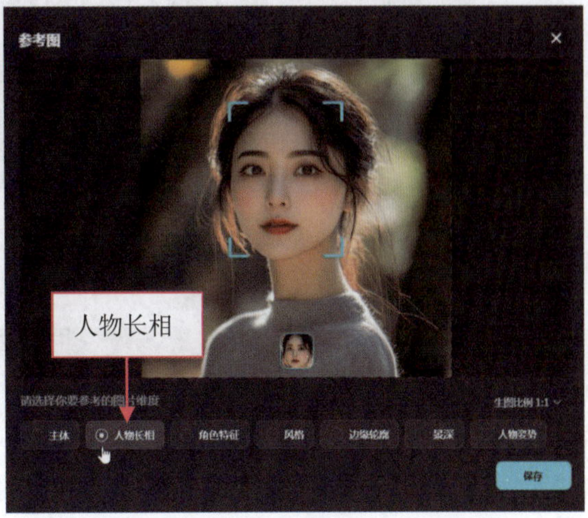

图 5-49 选中“人物长相”单选按钮

Step 03 单击“保存”按钮，返回“图片生成”页面，输入框中显示了已上传的参考图，输入相应的提示词描述，如图 5-50 所示，指导 AI 生成理想的图片效果。

Step 04 单击“立即生成”按钮，即可生成 4 张相应的 AI 图片，如图 5-51 所示。通过生成的图片可以看出，AI 从参考图片中提取的人物长相，并应用到了新图片的生成过程中，创建出了一系列具有相同面部特征但风格各异的 AI 图片。

Step 05 选择其中一张进行放大预览，单击“超清”按钮，如图 5-52 所示，即可在该图片的基础上重新生成一张画质更清晰的图片。

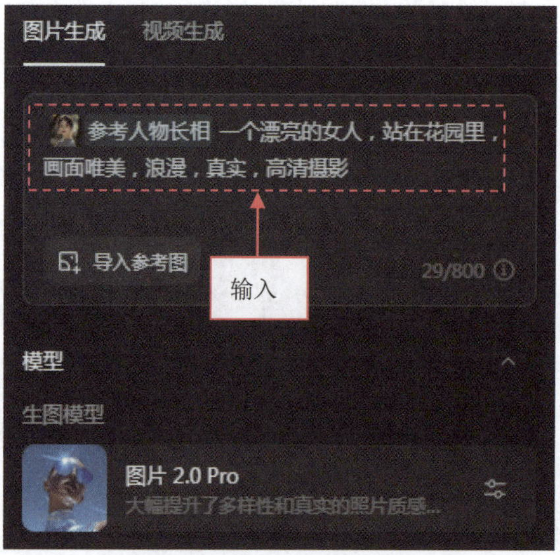

图 5-50　输入相应的提示词描述

图 5-51　生成 4 张相应的 AI 图片

图 5-52　单击“超清”按钮

5.2.5　参考图片主体生成 AI 图片

参考图片主体生成 AI 图片

【效果对比】在即梦 AI 的“参考图”功能中，可以参考图片的边缘轮廓来生成 AI 图片。这种 AI 技术特别关注物体或场景的外形和边界，使用 AI 来识别和复制这些轮廓，然后在此基础上生成具有相似轮廓特征的新图片，效果对比如图 5-53 所示。

▶ 专家指点

通过“边缘轮廓”功能以图生图时，AI 首先需要分析图片中的物体轮廓，识别出边缘的走向和形状；在生成新图片时，AI 会努力保持原图中物体的轮廓形状，确保新图像中物体的外形与参考图相似，创造出具有一致视觉风格的新图片。

图 5-53　效果对比

下面介绍使用即梦 AI 参考边缘轮廓生成 AI 图片的操作方法。

Step 01 进入“图片生成”页面，单击“导入参考图”按钮，弹出“打开”对话框，选择需要上传的参考图，如图 5-54 所示。

Step 02 单击“打开”按钮，弹出“参考图”对话框，选中“边缘轮廓”单选按钮，如图 5-55 所示，此时 AI 会自动识别参考图中的边缘轮廓。

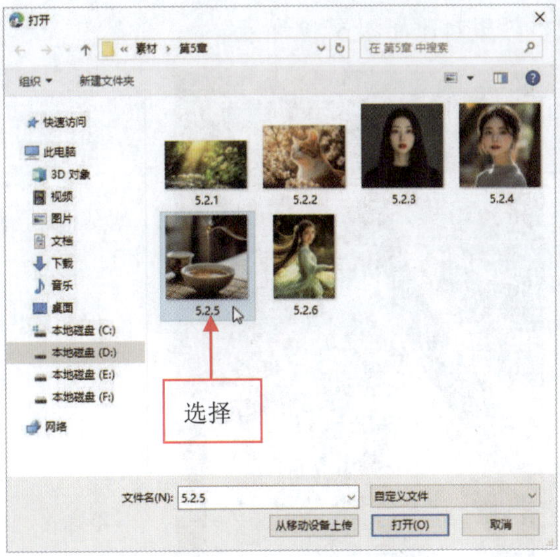

图 5-54　选择需要上传的参考图

图 5-55　选中“边缘轮廓”单选按钮

Step 03 单击“保存”按钮，返回“图片生成”页面，输入框中显示了已上传的参考图，输入相应的提示词描述，如图 5-56 所示，指导 AI 生成理想的图片效果。

Step 04 单击“立即生成”按钮，即可生成 4 张相应的 AI 图片，如图 5-57 所示。通过生成的图片可以看出，AI 从参考图片中提取了对象的边缘轮廓，并应用到了新图片的生成过程中，创建出了一系列具有相同边缘轮廓但风格各异的 AI 图片。

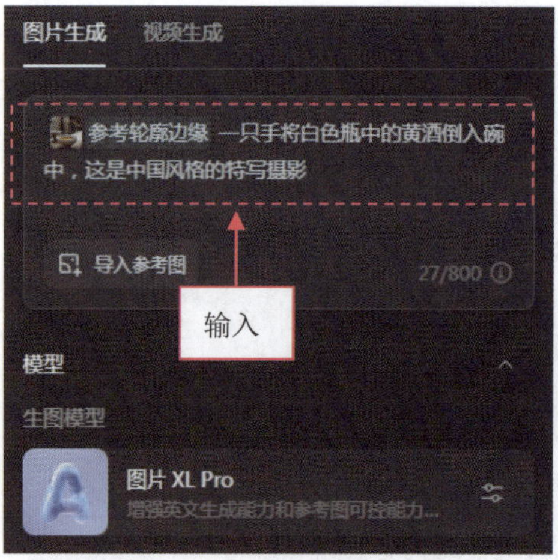

图 5-56　输入相应的提示词描述

图 5-57　生成 4 张相应的 AI 图片

5.2.6　参考人物姿势生成 AI 图片

参考人物姿势生成 AI 图片

【效果对比】在即梦 AI 的“参考图”功能中，可以参考人物的姿势来生成 AI 图片。AI 首先会识别参考图片中人物的姿势，包括站姿、坐姿、手势等；然后分析人物的身体姿态，如倾斜、弯曲或伸展等，以及这些姿态所传达的情感或意图；最后在生成新图片时，AI 会努力保持原图中人物的姿势和姿态，确保新图像中人物的姿势与参考图一致，效果对比如图 5-58 所示。

图 5-58　效果对比

下面介绍使用即梦 AI 参考人物姿势生成 AI 图片的操作方法。

Step 01 进入“图片生成”页面，单击“导入参考图”按钮，弹出“打开”对话框，选择需要上传的参考图，如图 5-59 所示。

Step 02 单击“打开”按钮，弹出“参考图”对话框，❶设置生图比例为 3∶4；❷选中“人物姿势”单选按钮，如图 5-60 所示，此时 AI 会自动识别参考图中的人物姿势。

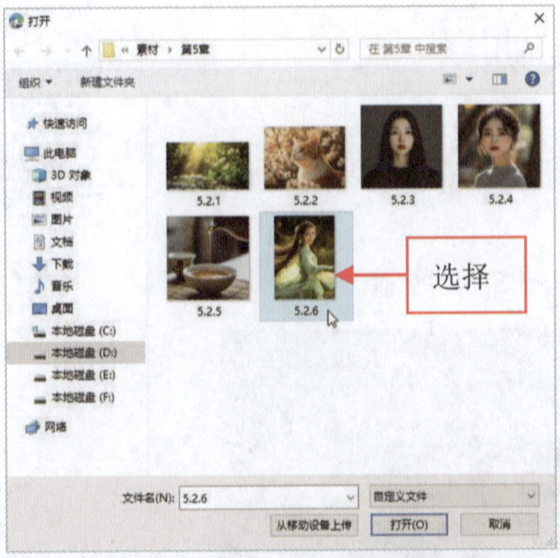

图 5-59　选择需要上传的参考图

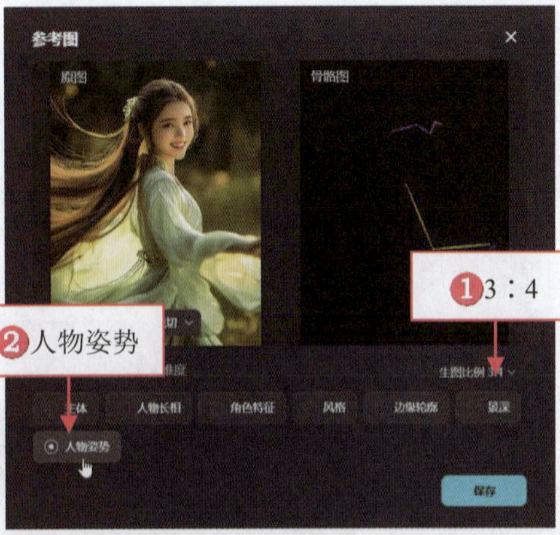

图 5-60　选中“人物姿势”单选按钮

Step 03 单击“保存”按钮，返回“图片生成”页面，输入框中显示了已上传的参考图，输入相应的提示词描述，如图 5-61 所示，指导 AI 生成理想的图片效果。

Step 04 单击“立即生成”按钮，即可生成 4 张相应的 AI 图片，如图 5-62 所示。通过生成的图片可以看出，AI 从参考图片中提取了人物的姿势，并应用到了新图片的生成过程中，创建出了一系列具有相同人物姿势但风格各异的 AI 图片。

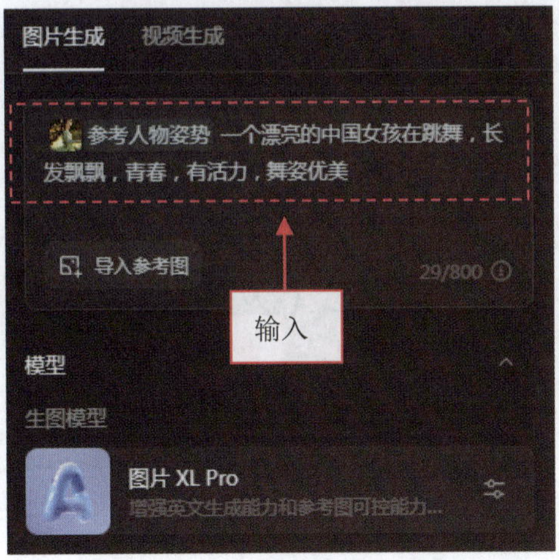

图 5-61　输入相应的提示词描述

图 5-62　生成 4 张相应的 AI 图片

本章小结

本章主要介绍了 AI 绘画的绘制技巧。首先介绍了文生图的高级绘画技巧，包括输入提示词生成 AI 图片、选择生图模型并设置精细度、设置 AI 图片生成的比例、再次生成新的 AI 图片等；其次介绍了图生图的高级绘画技巧，包括基于参考图生成图像、参考景深关系生成图像、参考图片主体生成 AI 图片、参考人物长相生成 AI 图片、参考图片主体生成 AI 图片及参考人物姿势生成 AI 图片。通过本章的学习，读者能掌握一些 AI 绘画的绘制技巧。

课后实训

课后实训

鉴于本章知识的重要性，为了更好地掌握所学知识，将通过课后实训帮助读者进行简单的知识回顾和补充。

问题：使用即梦 AI 生成雪山风景图片，效果如图 5-63 所示。

图 5-63　效果展示

回答：下面介绍使用即梦 AI 生成雪山风景图片的操作方法。

Step 01　进入即梦 AI 的“图片生成”页面，在输入框内输入相应的提示词，如图 5-64 所示。

Step 02　❶设置“图片比例”为 16：9，指定图像的生成比例；❷单击“立即生成”按钮，如图 5-65 所示。

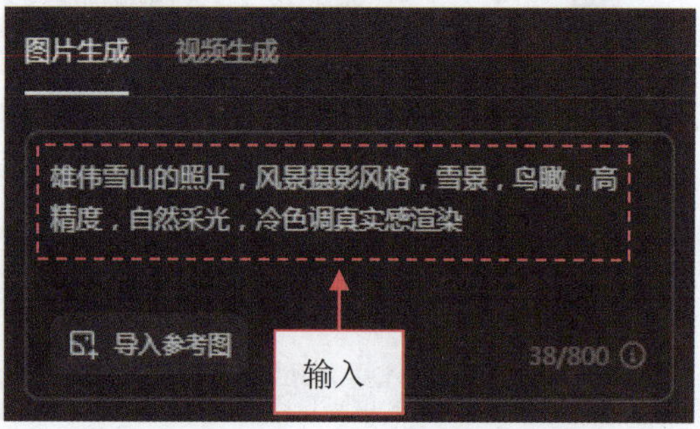

图 5-64　输入相应提示词

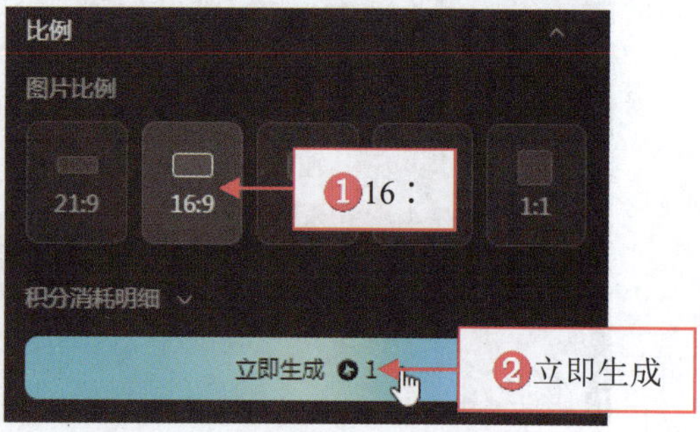

图 5-65　单击“立即生成”按钮

Step 03　执行操作后，即可生成相应的图像效果，如图 5-66 所示。

图 5-66　效果展示

第 6 章 AI 绘画的实战案例

6

在了解了 AI 绘画的操作与技巧之后，对于人工智能在艺术领域的应用有了更为深刻的理解，本章将继续讲述 AI 绘画，通过一系列真实而具体的实例，来感受 AI 绘画如何在现实世界中绽放光彩。

本章重点

- 掌握生成 AI 风格画作的方法
- 掌握生成 AI 商业图片的方法

素质目标

- 培养读者对现实需求的洞察力
- 培养对艺术作品及技术应用的价值评估意识

6.1 生成 AI 风格画作

AI 风格画作是指利用人工智能技术生成的各种艺术风格的绘画作品。AI 风格画作通常融合了算法的独特视觉语言和数据处理能力，展现出与传统艺术截然不同的视觉效果。本节将介绍如何使用 AI 工具生成 AI 风格画作，帮助读者对 AI 绘画有更进一步的了解。

6.1.1 生成儿童绘本插画

生成儿童绘本插画

【效果展示】儿童绘本插画是以儿童为主要读者群体，通过绘画艺术手法创作，旨在辅助文字叙述、传达故事情节、展现角色形象及营造故事氛围，效果展示如图 6-1 所示。儿童绘本插画通常使用色彩斑斓画笔描绘出一个个令人陶醉的故事，能够激发孩子们的想象力和创造力。

图 6-1 效果展示

▶ 专家指点

儿童绘本插画通常使用明亮、鲜艳的色彩来吸引孩子们的注意力，激发他们的兴趣和好奇心。这些色彩不仅能够营造出一个活泼、欢乐的氛围，还有助于孩子们对图像和故事的记忆。儿童绘本的插画构图通常较为简洁，避免产生复杂的背景和过多的细节，从而干扰孩子们对主要内容的理解。通过清晰的线条和简洁的构图，插画能够直观地传达故事的关键信息和情感变化。

下面介绍使用文心一格小程序生成儿童绘本插画的操作方法。

Step 01 打开文心一格小程序，进入“AI 创作”界面，如图 6-2 所示。

Step 02 ❶在对话框中输入相应的提示词；❷设置“横图”尺寸；❸点击“立即生成”按钮，如图 6-3 所示。

Step 03 执行操作后，即可生成 4 张相应的图片效果，如图 6-4 所示。

Step 04 在生成的 4 张图片中选择其中一张进行放大，❶例如这里选择第 3 张，点击第 3 张图片的预览图；❷点击“提升分辨率”按钮，如图 6-5 所示。

Step 05 执行操作后，即可在第 2 张图片的基础上进行更加精细的刻画，并放大图片效果，如图 6-6 所示。

图 6-2　进入“AI 创作”界面

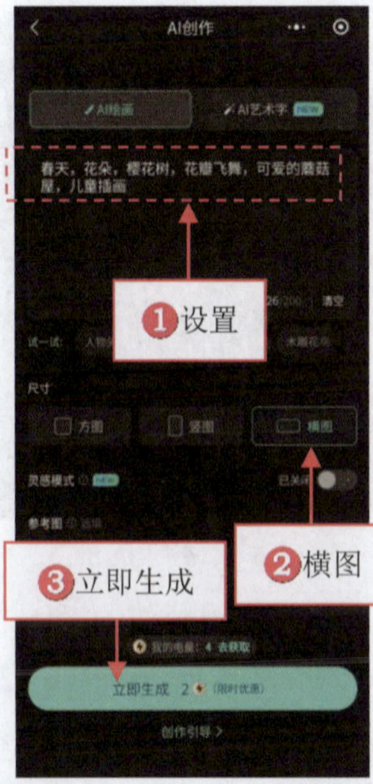

图 6-3　点击“立即生成”按钮

图 6-4　生成图片效果

图 6-5　点击“提升分辨率”按钮

图 6-6　放大图片效果

6.1.2　生成二次元动漫人物

生成二次元动漫人物

【效果展示】对于动漫爱好者或者设计师来说，想要设计出自己的原创动漫人物形象，即梦 AI App 就能轻松帮你做到。即梦 AI App 可以随心创作个性化的二次元动漫人物、场景、元素，而且线条刻画精致、画面效果饱满，能够让你一键突破“次元壁”，效果展示如图 6-7 所示。

图 6-7　效果展示

下面介绍使用即梦 AI App 生成二次元动漫画作的操作方法。

Step 01　打开即梦 AI App，进入“想象”界面，点击下方输入框，如图 6-8 所示。

Step 02　❶输入相应的提示词；❷然后点击按钮，在弹出的面板中设置“选择比例”为 16∶9，如图 6-9 所示。

Step 03　点击按钮，即可生成 4 张相应的图片效果，如图 6-10 所示。

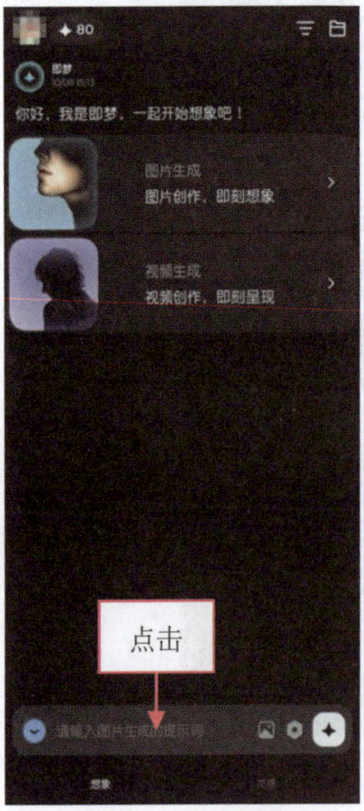

图 6-8　点击输入框

图 6-9　设置相应比例

图 6-10　生成图片效果

Step 04　点击其中的一张预览图，然后点击HD按钮，如图 6-11 所示，即可在该图片的基础上进行更加精细的刻画，并放大图片效果。

Step 05　点击放大后的预览图，❶点击按钮，弹出相应面板；❷点击“保存”按钮，即可将图片进行保存，如图 6-12 所示。

图 6-11　点击相应按钮

图 6-12　点击“保存”按钮

6.1.3　生成动物摄影图片

生成动物摄影图片

【效果展示】动物摄影图片是以动物为主题，通过摄影技术捕捉其生活瞬间、行为特征或独特形态的图片。这类图片通常要求作者具备高超的摄影技巧，还需要深入了解动物的生活习性和生态环境，我们可以利用可灵 AI 来快速生成动物摄影图片，效果展示如图 6-13 所示。

图 6-13　效果展示

下面介绍使用可灵 AI 生成动物摄影图片的操作方法。

Step 01　打开快影 App，进入“AI 作图”的界面，设置“生成风格”为“写实立体”，如图 6-14 所示。

Step 02　点击下方的输入框，在输入框中输入相应的提示词，如图 6-15 所示。

图 6-14　设置生成风格

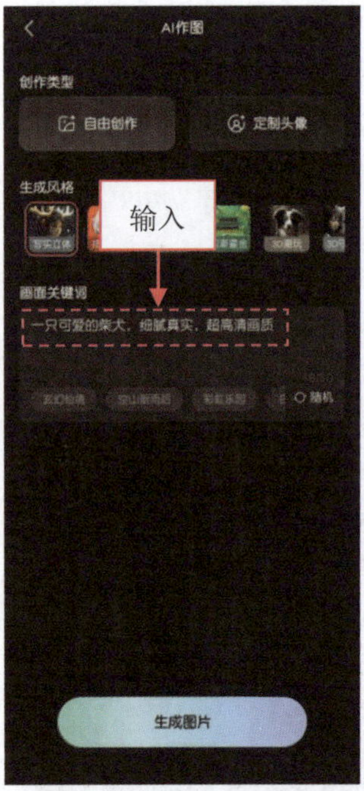

图 6-15　输入相应提示词

Step 03　点击“生成图片”按钮，即可生成相应的图片效果，点击界面右上角的“调整”按钮，如图 6-16 所示。

Step 04　弹出“调整”面板，❶设置“画幅比例”为 16∶9；❷点击“再次生成”按钮，如图 6-17 所示，重新生成图片效果。

Step 05　执行操作后，即可重新生成 4 张 16∶9 的图片效果，如图 6-18 所示。

图 6-16　点击“调整”按钮

图 6-17　点击“再次生成”按钮

图 6-18　生成图片效果

Step 06 如果用户对生成的这 4 张图片不太满意，可以点击“展示更多”按钮，如图 6-19 所示，生成更多的图片。

Step 07 执行操作后，可灵 AI 将重新生成 4 张图片，点击对应的图片，放大该图片的效果，如图 6-20 所示。

图 6-19　点击“展示更多”按钮

图 6-20　放大图片效果

6.1.4　生成油画风格壁纸

【效果展示】壁纸是指用于计算机、手机或其他电子设备屏幕背景的图片。它们通常具有美观、个性化的特点，旨在增强用户界面的视觉效果，同时也能反映用户的兴趣和品味。本案例主要介绍使用可灵 AI 生成油画风格壁纸的方法，效果展示如图 6-21 所示。

生成油画风格壁纸

图 6-21　效果展示

下面介绍使用可灵 AI 生成油画风格壁纸的操作方法。

Step 01 打开快影 App，进入“AI 作图”界面，如图 6-22 所示。

Step 02 ❶设置“生成风格”为“油画笔触”；❷输入相应的提示词，如图 6-23 所示。

图 6-22　进入“AI 作图”界面

图 6-23　输入相应的提示词

Step 03 点击“生成图片”按钮，即可让可灵 AI 根据用户提供的提示词生成相应的图片效果，如图 6-24 所示。

Step 04 如果用户对生成的图片不满意，可以点击图片下方的“展示更多”按钮，如图 6-25 所示，重新生成图片效果。

Step 05 执行操作后，即可让可灵 AI 重新生成 4 张图片效果，如图 6-26 所示。

图 6-24　生成图片效果

图 6-25　点击“展示更多”按钮

图 6-26　重新生成图片效果

6.2　生成 AI 商业图片

AI 商业图片是指运用人工智能技术生成的、用于商业目的的图像内容。这些图片往往具备专业水准，能够满足广告、营销、品牌推广等商业需求。本节将介绍使用 AI 工具生成 AI 商业图片的操作方法，帮助读者加快对 AI 绘画操作的熟悉。

6.2.1　生成产品设计图片

生成产品设计图片

【效果展示】产品设计图片强调创意与美感，通过色彩搭配、光影效果及视角选择等手法，提升图片的视觉冲击力，以吸引目标受众的注意力，激发其购买欲望或进一步了解产品的兴趣。可以通过文心一格小程序来快速生成产品设计图片，效果展示如图 6-27 所示。

图 6-27　效果展示

下面介绍使用文心一格小程序生成产品设计图片的操作方法。

Step 01　打开文小言 App，在输入框中输入相应的提示词，让文小言 App 提供相应的台灯的产品设计图片提示词示例。相关的提示词内容如下。

提问

请提供一段生成台灯产品设计图的 AI 绘画提示词示例

Step 02　点击发送按钮，稍等片刻，即可让文小言 App 生成相应的 AI 绘画提示词示例。相关的回复内容如下。

文小言

当然可以，以下是一段用于生成台灯产品设计图的 AI 绘画提示词示例。
"创造一张现代简约风格的台灯产品设计图，台灯采用全金属材质，外观呈流线型，底座稳固且设计感强。灯光色温可调，从暖黄色到冷白色，适合多种阅读环境，注重功能性与美观性的结合。"

Step 03 打开文心一格小程序，进入“AI 创作”界面，❶在对话框中输入文小言 App 提供的 AI 绘画提示词；❷设置“竖图”尺寸；❸点击“立即生成”按钮，如图 6-28 所示。

Step 04 执行操作后，即可生成 4 张相应的图片效果，如图 6-29 所示。

Step 05 在生成的 4 张图片中选择其中一张进行放大，例如这里选择第 2 张，然后点击“提升分辨率”按钮，如图 6-30 所示。

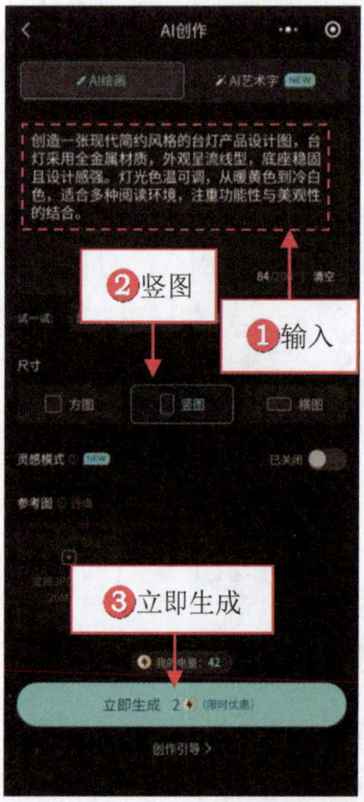

图 6-28 点击“立即生成”按钮

图 6-29 生成图片效果

图 6-30 点击“提升分辨率”按钮

> **▶ 专家指点**
>
> 产品设计图片是展示产品概念、外观、结构和功能的一种视觉传达形式，通过专业的拍摄和图形设计，将产品的三维形态以二维图像呈现出来，使产品在图片中显得更具吸引力，从而有效传达设计理念，促进产品的市场推广和消费者认知。
>
> 台灯的产品设计图通常融合了功能性与美观性，注重技术创新，同时展现出多样化的设计风格，从简约现代到复古经典，满足不同用户的审美需求。台灯的产品设计图不仅展示产品外观和功能，还传达设计师的创意和理念，满足用户的多方面需求。

Step 06 执行操作后，即可在第 2 张图片的基础上进行更加精细的刻画，并放大图片效果，如图 6-31 所示。

Step 07 点击图片下方的“下载”按钮，如图 6-32 所示，即可将图片进行保存。

图 6-31　放大图片效果

图 6-32　点击“下载”按钮

6.2.2　生成礼品包装图片

生成礼品包装图片

【效果展示】礼品包装图片是指展示礼物包装设计美观性和创意性的视觉图像，通常包含了精心挑选的包装材料、色彩搭配、装饰元素以及个性化的标签和丝带，旨在增强礼品的外观吸引力，传递赠送者的心意和提升接收者的愉悦感，效果展示如图 6-33 所示。

图 6-33　效果展示

下面介绍使用即梦 AI App 生成礼品包装图片的操作方法。

Step 01 打开即梦 AI App，进入“想象”界面，点击下方输入框，如图 6-34 所示。

Step 02 ❶输入相应的提示词，然后点击按钮；❷在弹出的面板中设置“选择比例”为 16∶9，如图 6-35 所示。

Step 03 点击按钮，即可生成 4 张相应的图片效果，如图 6-36 所示。

Step 04 点击其中一张预览图，然后点击 HD 按钮，如图 6-37 所示，即可在该图片的基础上进行更加精细的刻画，并放大图片效果。

图 6-34　点击输入框

图 6-35　设置相应比例

图 6-36　生成图片效果

图 6-37　点击相应按钮

6.2.3　生成建筑设计图片

生成建筑设计图片

【效果展示】建筑设计是指创建建筑物和结构的过程，包括其功能、持久性和与环境的互动，可以通过豆包 App 来快速生成建筑设计图片，效果展示如图 6-38 所示。

图 6-38　效果展示

▶ 专家指点

建筑设计图片展示了建筑物的外观、结构、空间布局和细节设计，通过精确的比例、光影效果和色彩对比来呈现建筑的美感和功能性，同时反映了设计师的建筑风格、创新理念以及对环境和谐与可持续性的考量。

下面介绍使用豆包 App 生成建筑设计图片的操作方法。

Step 01　打开豆包 App，进入主界面，点击下方的“图片生成”按钮，如图 6-39 所示。

Step 02　弹出相应的输入框，在其中输入相应的提示词，如图 6-40 所示。

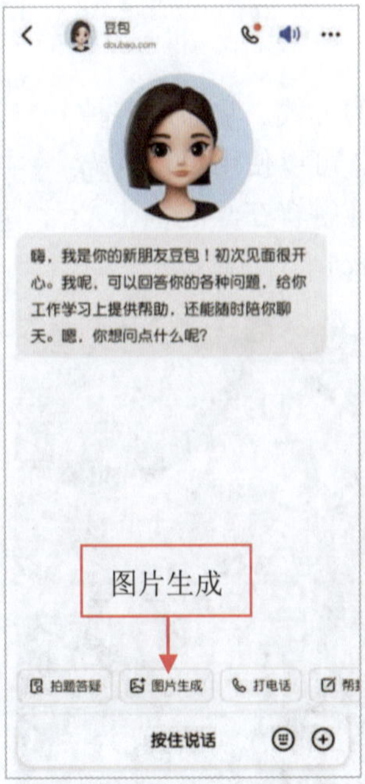

图 6-39　点击“图片生成”按钮

图 6-40　输入相应提示词

Step03　点击“比例”右侧的下拉按钮，在弹出的列表框中选择 16∶9 选项，如图 6-41 所示，设置图片的生成比例。

Step04　点击 按钮，稍等片刻，即可生成图片效果，如图 6-42 所示。

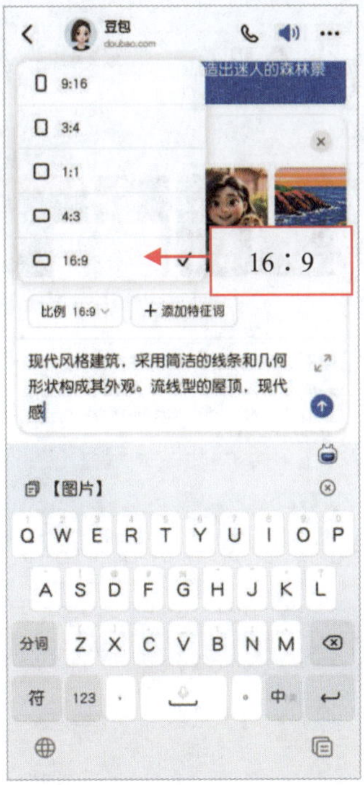

图 6-41　选择 16∶9 选项

图 6-42　生成图片效果

6.2.4 生成香水广告图片

【效果展示】广告是一种宣传和推销产品或服务的方式。它通过各种媒体向消费者传递信息，能够激发消费者的购买欲望。可以使用豆包 App 生成香水广告图片，通过将香水与各种自然元素完美地融合在一起，让人感受到一种超凡脱俗的美丽，效果展示如图 6-43 所示。

生成香水广告图片

图 6-43 效果展示

下面介绍使用豆包 App 生成香水广告图片的操作方法。

Step 01 打开豆包 App，进入主界面，点击下方的“图片生成”按钮，如图 6-44 所示。

Step 02 弹出相应的输入框，在其中输入相应的提示词，如图 6-45 所示。

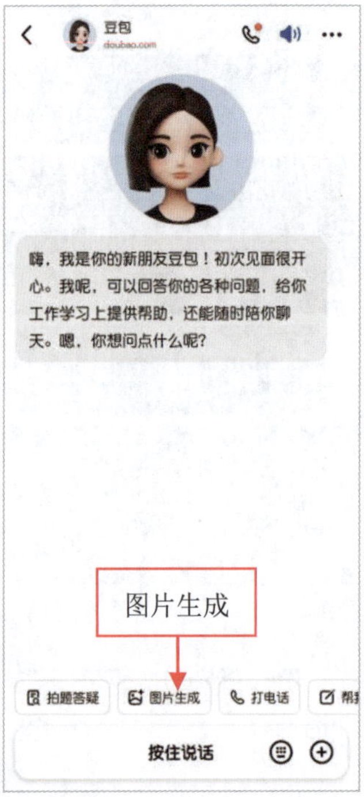

图 6-44 点击“图片生成”按钮

图 6-45 输入相应提示词

Step 03 点击“比例”右侧的下拉按钮，在弹出的列表框中选择 16∶9 选项，如图 6-46 所示，设置图片的生成比例。

Step 04 点击⬆按钮，稍等片刻，即可生成图片效果，如图 6-47 所示。

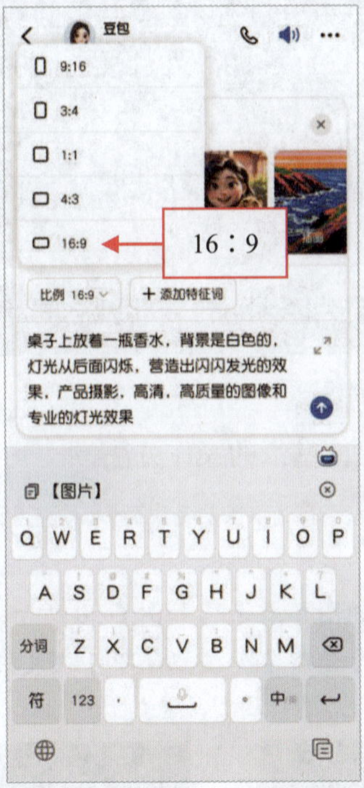

图 6-46　选择 16∶9 选项

图 6-47　生成图片效果

本章小结

本章主要介绍了 AI 绘画的实战案例。首先介绍了生成 AI 风格画作，包括生成儿童绘本插画、生成二次元动漫人物、生成动物摄影图片及生成油画风格壁纸；其次介绍了生成 AI 商业图片，包括生成产品设计图片、生礼品包装图片、生建筑设计图片及生香水广告图片。通过本章的学习，读者能熟练运用 AI 生成各种图片。

课后实训

课后实训

鉴于本章知识的重要性，为了更好地掌握所学知识，将通过课后实训帮助读者进行简单的知识回顾和补充。

问题：使用文心一格小程序生成一张电脑桌面壁纸，效果如图 6-48 所示。

图 6-48　效果展示

回答：下面介绍使用文心一格小程序生成电脑桌面壁纸的操作方法。

Step 01 打开文心一格小程序，进入“AI 创作”界面，❶在对话框中输入相应的提示词；❷设置“横图”尺寸，如图 6-49 所示。

Step 02 点击“立即生成”按钮，即可生成 4 张相应的图片效果，如图 6-50 所示。

Step 03 点击其中合适的一张预览图，然后点击“提升分辨率”按钮，即可放大该图片效果，如图 6-51 所示。

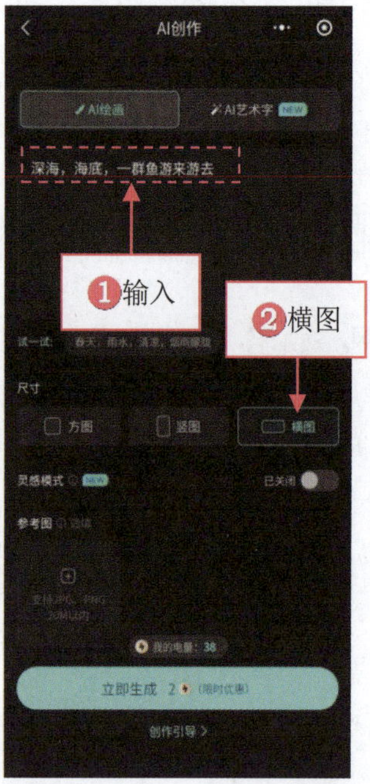

图 6-49　设置“横图”尺寸

图 6-50　生成图片效果

图 6-51　放大图片效果

【AI 摄影篇】

第 7 章

AI 摄影的基本知识

7

AI 摄影技术结合了自然语言处理和深度学习，实现了从文本到视觉内容的智能转换，以及对现有图像的创新性再创造，极大地丰富了摄影艺术的表现形式和创作空间。本章将详细介绍 AI 摄影的相关知识，并带读者了解 AI 摄影的关键技术。

本章重点

- 掌握 AI 摄影的基础知识
- 了解 AI 摄影的视角方式
- 了解 AI 摄影的构图方法
- 了解 AI 摄影的光线类型

素质目标

- 提升读者实践能力，理解并运用 AI 驱动的图像生成与编辑工具
- 提升读者创意拓展与概念表达能力，通过 AI 拓宽视觉想象边界

7.1　AI 摄影的基础

AI 摄影技术以其卓越的效率、智能化处理和创新能力，极大地提升了摄影创作的质量和速度，不仅能够优化传统摄影流程，还能激发出前所未有的创意火花。随着 AI 技术的不断进步，未来的 AI 摄影有望进一步激发人类的创造力和想象力，为摄影艺术的持续发展注入新的活力。本节，将深入介绍 AI 摄影的基础知识。

7.1.1　AI 摄影技术的概念

AI 摄影技术是指利用人工智能对摄影艺术进行辅助和增强，通过模仿人类艺术家的创作技巧和审美规则，使计算机能够独立创作出逼真的虚拟图像。AI 摄影技术涵盖以下两个方面。

（1）手机内置 AI，通过自动识别场景并优化拍摄参数，提升照片质量。

（2）AI 辅助摄影创作，模仿人类审美，生成虚拟图像，提高创作效率。本书聚焦于第 2 个方面，介绍 AI 在摄影中的应用，包括计算机视觉、机器学习等技术，推动摄影智能化、高效化，降低专业门槛，拓宽创作的可能。

这种技术不仅提升了摄影的效率，还拓宽了创作的边界，允许计算机生成具有独特艺术风格的摄影作品，为摄影领域带来了革命性的变化。图 7-1 为使用人工智能技术生成的流水与花卉摄影作品。

图 7-1　使用人工智能技术生成的流水与花卉摄影作品

AI 摄影技术主要依赖于先进的 AI 绘图工具，这些工具通过利用计算机的图形处理单元等高性能硬件来加速图像生成过程。这使得 AI 摄影能够在极短的时间内完成复杂的图像绘制任务，并且支持实时预览功能，为用户提供了即时的视觉反馈和创作体验。

AI 摄影技术通过其多样化的生成能力，能够根据不同的主题和风格创作出独具特色的照片，为数字艺术的进步提供了强大的推动力，减少了摄影师在技术操作上的负担，使他们能够将更多的精力投入到创意构思和想象力的发挥上。随着人工智能技术的融入，摄影已经从传统的“拍摄照片”及“编辑照片”阶段，迈向了一个全新的“构想照片”时代，这标志着摄影艺术的又一次革命性飞跃。

想象一个场景，比如“夜晚的霓虹灯”及“秋日的落叶”，人工智能就能将其转化为图像，效果如图 7-2 所示。在这一过程中，AI 能够自动识别环境并自动调整设置来捕捉照片。在后期编辑时，AI 可以分析并优化图像，增强其视觉表现力；智能识别技术让摄影变得更加多元和创新。因此，随着人工智能技术的不断进步，“想象即拍”的 AI 摄影正在成为摄影艺术的新趋势。

图 7-2　AI 摄影作品

7.1.2　AI 摄影的技术原理

AI 摄影与 AI 绘画本质上是相通的，因为背后的技术基础是相同的。AI 摄影的技术核心，实际上也是 AI 绘图的技术核心，两者都依赖于机器学习算法来识别、创造和处理视觉内容。下面以文心一格为例，介绍其作为 AI 绘图平台，生成摄影级照片的技术原理分别是什么。文心一格作为一款基于人工智能技术的 AI 绘画创作平台，生成图片的技术原理主要依赖于深度学习和自然语言处理技术。

文心一格通过分析大量图文数据，学习语言描述与艺术画面的关联。用户输入文字描述后，系统利用提示词技术进行多角度识别和描述扩充，包括风格和构图等要素，基于知识图谱深入理解用户意图。

接着，系统对提示词进行排序，输入“文生图”环节，运用深度学习和神经网络技术，从众多绘画作品中学习风格和技巧。AI 从海量数据中提取关键信息，模仿不同绘画风格，掌握创作技巧。最终，文心一格以随机起点，经过多轮迭代修正，创作出具有独特艺术魅力的绘画作品。这些作品在审美上与人类经验高度一致，既体现用户意图，又展现 AI 的艺术创作能力。

文心一格的技术原理基于深度学习和自然语言处理，通过理解用户意图、学习绘画风格，不断迭代生成具有艺术魅力的作品。AI 摄影则是在此基础上融入摄影专业知识，生成照片，效果展示如图 7-3 所示。

图 7-3　效果展示

7.1.3　AI 摄影的本质

AI 摄影的核心在于应用 AI 技术，为摄影带来更高的智能化、创新性和自动化，这不仅提高了作品的质量和制作效率，还彻底革新了摄影的创作过程和用户体验。AI 摄影的本质如图 7-4 所示。

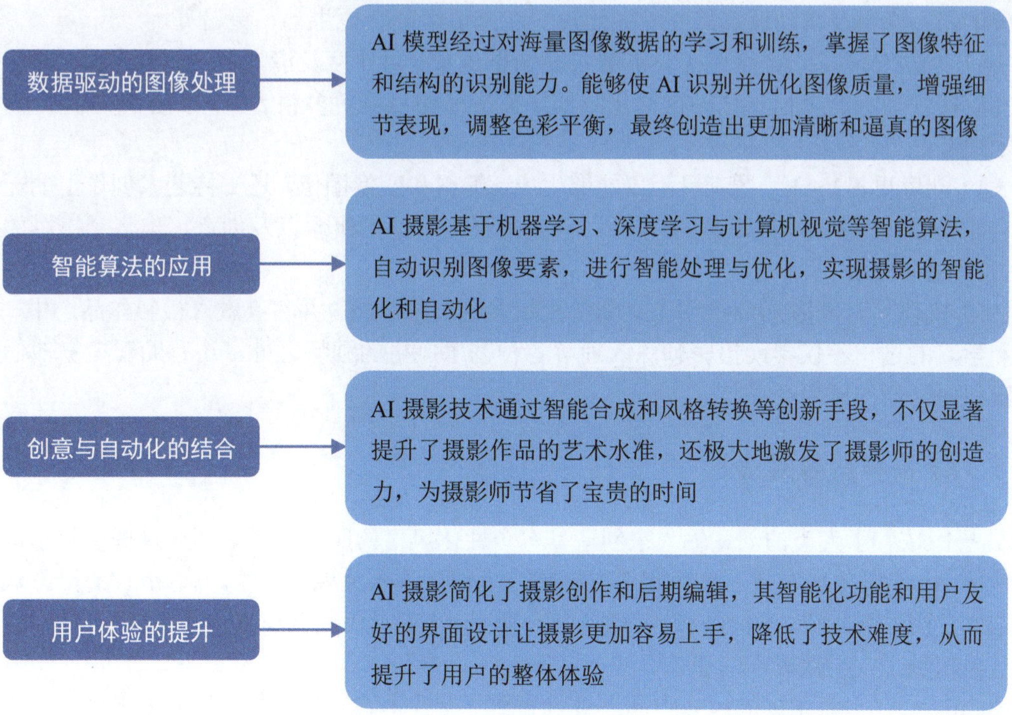

图 7-4　AI 摄影的本质

7.1.4　AI 摄影的优点

在摄影界，AI 技术的应用推动了摄影的快速进步。与传统摄影相比，AI 摄影以其快速、高画质及高处理效率等优势，不仅提升了作品的质量和制作速度，还带来了全新的摄影体验。下面是 AI 摄影的几个优点。

（1）快速高效：人工智能技术的应用使得 AI 摄影能够自动执行许多任务，显著提升了产出效率。它还能替代人力完成重复性的工作，减少资源消耗，节约了人力和时间。例如，使用文心一格小程序，可以在极短的时间内快速生成高质量的图像效果，如图 7-5 所示。

图 7-5　文心一格小程序生成的图像效果

（2）图像质量高：AI 绘图工具通过应用先进的人工智能算法，能够显著提升图像质量，包括细节增强、降噪及自动瑕疵修复，让照片看起来更清晰、更生动、更逼真。

（3）处理效率高：AI 绘图工具能够自动调整色彩、对比度及清晰度等图像参数，减轻了摄影师在后期处理上的负担。这种自动化流程让摄影师得以将更多精力投入到创作本身，而非深陷技术细节。

（4）创意更多：AI 绘图工具不仅能够生成、编辑和变换图像，还支持艺术创作上的无限拓展。它能够创作出多样艺术风格的作品，甚至孕育出全新的概念以及创意，丰富了摄影的艺术表现力和创新空间。

（5）模仿艺术风格：AI 绘图工具能够模拟多种艺术风格，并将其融入摄影作品之中。这一模仿和学习的过程不仅帮助摄影师深入理解各种艺术风格的独特之处，还有助于拓宽他们的艺术视野和提升创作技巧。

7.1.5　AI 是有灵魂的摄影

AI 摄影依赖于人类的创意输入来创造具有个性化风格的照片。摄影师通过提供提示词和指导，引导 AI 工具生成与自己创意相符的图像，为作品注入灵魂和个性。因此，AI 摄影代表了摄影艺术发展的新阶段，不仅是有灵魂的创作，而且 AI 工具还能创作出富有情感和氛围的图像，有时甚至超越了人类摄影师的想象。

图 7-6 为 AI 工具生成的风光作品，AI 捕捉到了星空和湖面的交替，生成了极具创意的慢门摄影作品，能够展现出天地万物的美妙以及奇幻之处。

摄影师的创意是 AI 绘图工具创作独特照片的核心，AI 工具根据摄影师的提示词和指导自动生成图像，但最终作品的风格和情感仍然深受摄影师个人想法的影响。AI 绘图工具与摄影师的合作创作过程，凸显了 AI 摄影与传统摄影的结合，彰显了摄影师创造力的本质。每位摄影师都有其独特的视角和风格，这些特点通过为 AI 工具提供的提示词得以体现。因此，即便是使用相同的 AI 工具，不同摄影师的作品也会展现出不同的个性和灵魂。

图 7-6　AI 工具生成的风光作品

此外，在新闻报道、广告宣传等特殊领域，AI 摄影能够迅速创作出大量符合特定需求的图像，显示出其在这些场合的关键作用。图 7-7 为使用 AI 绘图工具生成的海边风景照片效果。

图 7-7　使用 AI 绘图工具生成的海边风景照片效果

AI 生成的照片能够传递摄影师的情感和思想，与观众建立情感联系，这是摄影艺术中极为重要的情感表达，也是照片灵魂和深度的体现。许多摄影师已经开始探索将 AI 技术融入艺术创作，利用 AI 工具提升作品的创意和质量。

对于观众而言，艺术作品的欣赏是主观的，同一张照片在不同人眼中可能激发不同的情感和理解。无论是 AI 创作的图像还是摄影师的作品，都能引发观众的情感共鸣和审美体验。AI 摄影为缺乏摄影技能或时间的人提供了一种便捷方式，使他们能够迅速获得高质量的图片。

7.2　AI 摄影的视角方式

在人工智能摄影领域，构图视角涵盖了相机的摆放位置以及对拍摄对象的角度选择。恰当地调整这些因素，不仅能够提升画面的吸引力，还能增强其表现力，从而创造出令人印象深刻的视觉效果。镜头的景别则描述了拍摄对象与镜头之间的距离，这直接影响了主体在画面中的占比大小，常见的景别有特写、近景和远景等。本节将介绍 4 种不同的视角和景别，如何共同作用于视觉表达的艺术。

7.2.1 特写

特写

【效果展示】特写镜头专注于拍摄对象的特定部分或细节，通过放大这些元素，使其在画面中占据主导地位。这种拍摄手法有效地突出了被摄对象的重要性和独特细节。例如，当聚焦于一个人的头部时，可以深入展现其面部表情和情感状态，效果展示如图 7-8 所示。

图 7-8 效果展示

下面介绍使用文心一格小程序生成特写照片的操作方法。

Step 01 打开文心一格小程序，进入“AI 创作”界面，如图 7-9 所示。

Step 02 ❶在对话框中输入相应的提示词；❷设置“横图”尺寸，如图 7-10 所示。

Step 03 点击“立即生成”按钮，即可生成 4 张相应的图片效果，如图 7-11 所示。

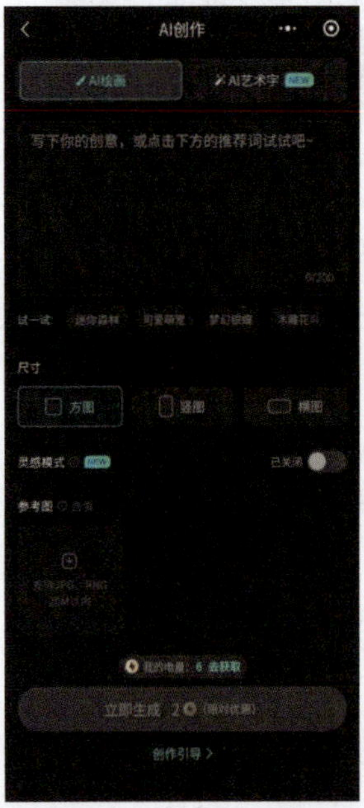

图 7-9 进入“AI 创作”界面

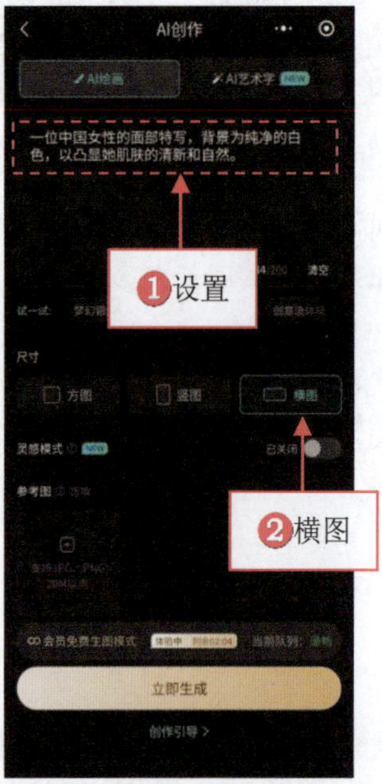

图 7-10 设置“横图”尺寸

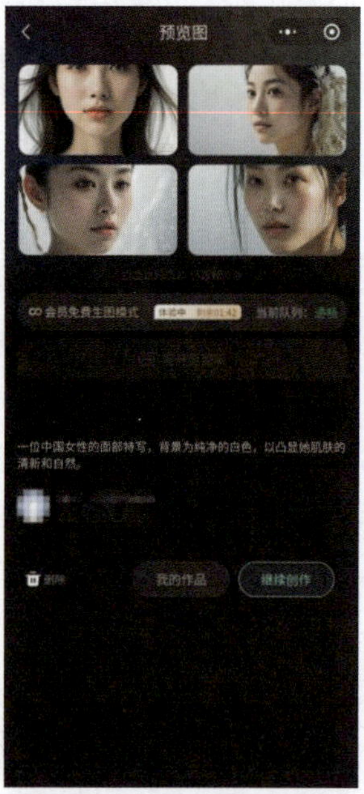

图 7-11 生成图片效果

Step 04 在生成的 4 张图片中选择其中一张进行放大，例如这里选择第 2 张，❶点击第 2 张图片的预览图；❷点击“提升分辨率”按钮，如图 7-12 所示。

Step 05 执行操作后，即可在第 2 张图片的基础上进行更加精细的刻画，并放大图片效果，如图 7-13 所示。

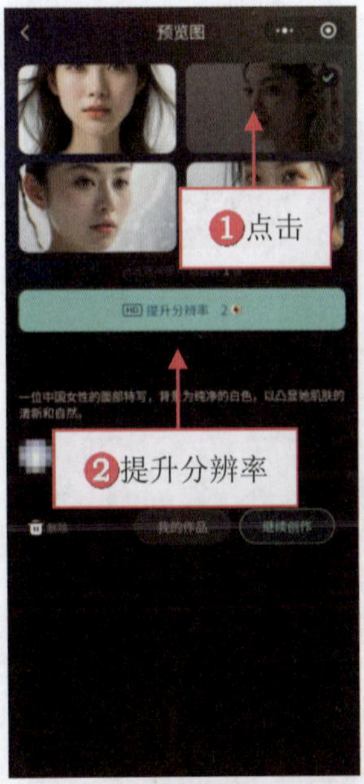

图 7-12　点击"提升分辨率"按钮

图 7-13　放大图片效果

▶ 专家指点

在 AI 摄影中，使用"特写"这一提示词，可以将观众的注意力集中在主体的特定部位，如面部表情或某个显著特征上。这样的构图不仅强化了特定元素的视觉影响力，还能激发观众的情感共鸣。

7.2.2　近景

近景

【效果展示】在 AI 摄影中，"近景"是一种构图技巧，将人物的头部和肩部完整地呈现在画面中，通常覆盖到胸部以上。这种构图方式不仅能够捕捉到人物的面部表情和细节特征，还能有效地传达人物的情感和内心世界，效果展示如图 7-14 所示。

图 7-14　效果展示

下面介绍使用即梦 AI App 生成近景照片的操作方法。

Step 01　打开即梦 AI App，进入“想象”界面，点击下方输入框，如图 7-15 所示。

Step 02　❶输入相应的提示词，然后点击◎按钮；❷在弹出的面板中设置“选择比例”为 16：9，如图 7-16 所示。

图 7-15　点击输入框

图 7-16　设置相应比例

Step 03　点击✦按钮，即可生成 4 张相应的图片效果，如图 7-17 所示。

Step 04　点击其中的一张预览图，然后点击 HD 按钮，如图 7-18 所示，即可在该图片的基础上进行更加精细的刻画，并放大图片效果。

图 7-17　生成图片效果

图 7-18　点击相应按钮

▶ 专家指点

在 AI 摄影中，使用“近景”这一提示词，可以带来以下两个效果。

（1）面部细节的强调：近景使得观众能够清晰地看到人物的面部细节，如微妙的表情变化、眼神的深度和嘴唇的形态。这些细节的捕捉有助于展现人物的内心情感和心理状态，为观众提供了一种更深层次的情感体验。

（2）情感与环境的融合：近景不仅关注人物的面部，还能够在一定程度上展示人物所处的环境。这种构图方式允许观众在感受人物情感的同时，也能感受到人物与周围环境的关系，从而获得更为丰富的情境理解。

通过这种构图方式，AI 摄影能够创造出既有深度又有广度的视觉作品，让人物的情感表达和环境氛围相互交织，为观众带来更加立体和生动的观看体验。

7.2.3　中景

中景

【效果展示】在 AI 摄影中，“中景”是一种构图技巧，介于远景和近景之间，既能展示人物主体的全身或大部分身体，又能展示一定的背景环境。这种构图方式不仅能够突出主体，还能够展示主体与周围环境的关系，让观众感受到画面中的深度和层次，效果展示如图 7-19 所示。

图 7-19　效果展示

▶ 专家指点

使用“中景”这一提示词，AI 摄影能够实现以下几个效果。

（1）主体与环境的平衡：中景能够平衡主体与背景，使得观众在关注人物的同时，也能够感受到环境的氛围和情境。

（2）情感共鸣：通过展示人物的全身或大部分身体，中景有助于观众与主体建立情感联系，更容易产生共鸣。

（3）真实感与自然性：中景构图通常更加接近人们日常观察事物的方式，因此能够创造出更加真实和自然的画面效果。

（4）文艺性与生命力：中景不仅能够展示人物的动作和姿态，还能够通过背景的元素，为照片增添文艺性和生命力。

通过这种构图方式，AI 摄影能够捕捉到人物与环境之间的微妙关系，创造出既有深度又有情感的画面，让每一张照片都充满故事和生命力。

下面介绍使用豆包 App 生成中景照片的操作方法。

Step 01 打开豆包 App，进入主界面，点击下方的“图片生成”按钮，如图 7-20 所示。

Step 02 弹出相应的输入框，在其中输入相应提示词内容，如图 7-21 所示。

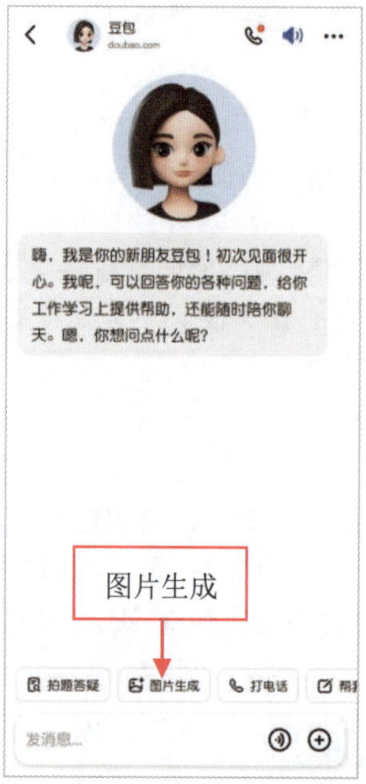

图 7-20　点击“图片生成”按钮

图 7-21　输入相应提示词

Step 03 点击“比例”右侧的下拉按钮，在弹出的列表框中选择 16：9 选项，如图 7-22 所示，设置图片的生成比例。

Step 04 点击按钮，稍等片刻，即可生成图片效果，如图 7-23 所示。

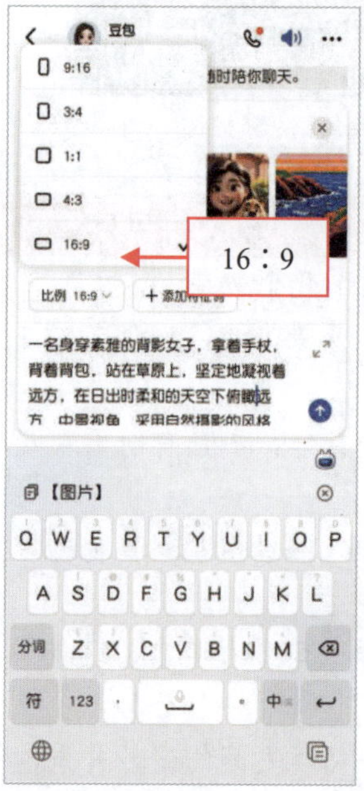

图 7-22　选择 16：9 选项

图 7-23　生成图片效果

7.2.4　远景

远景

【效果展示】远景摄影，也称为广角视野，通过从远处捕捉场景，以广角镜头呈现宽阔的视野和宏大的画面效果，如图 7-24 所示。

图 7-24　效果展示

下面介绍使用可灵 AI 生成远景照片的操作方法。

Step 01　打开快影 App，进入“AI 作图”界面，如图 7-25 所示。

Step 02　❶设置“生成风格”为“写实立体”；❷输入相应的提示词，如图 7-26 所示。

Step 03　点击“生成图片”按钮，即可生成相应的图片效果，点击界面右上角的“调整”按钮，如图 7-27 所示。

图 7-25　进入“AI 作图”界面

图 7-26　输入相应的提示词

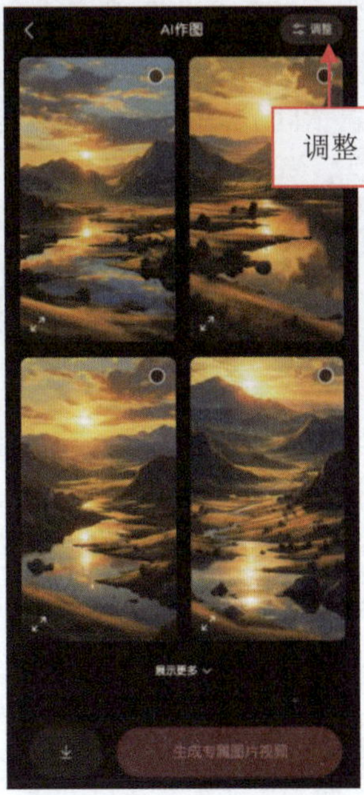

图 7-27　点击“调整”按钮

Step 04　弹出“调整”面板，❶设置“画幅比例”为 16∶9；❷点击“再次生成”按钮，如图 7-28 所示，重新生成图片效果。

Step 05　执行操作后，即可重新生成 4 张 16∶9 的图片效果，如图 7-29 所示。

图 7-28　点击“再次生成”按钮

图 7-29　重新生成图片效果

▶ 专家指点

在 AI 摄影中，使用“远景”提示词能够巧妙地将人物、建筑或其他元素与周围环境融合，不仅突出场景的宏伟壮观和自然风貌，还能展现人与环境的和谐关系，同时通过广阔的背景烘托氛围，为整个画面增添丰富的层次感和深度。

在 AI 摄影中，远景常用于生成风景、城市景观及建筑物等大范围的场景图像，可以传达出广阔、开阔的视觉感受。

7.3　AI 摄影的构图方法

构图是摄影艺术中的核心要素，通过精心设计的视觉布局来提升照片的吸引力和情感表达。在 AI 摄影中，利用构图提示词可以有效地增强画面的视觉效果，传递出独特的感受和深层的意义。本节将探讨 4 种构图技巧，各自以不同的方式增强了作品的空间感，为摄影作品增添了丰富的视觉维度。

7.3.1　中心构图

中心构图

【效果展示】中心构图是一种摄影构图技巧，将主体小狗置于画面的中心位置，确保其位于视觉对称轴上，这样的布局使得主体在画面中显得格外醒目和集中。中心构图方式能够引导观众的视线直接聚焦于主体小狗上，创造出一种强烈的视觉焦点，效果展示如图 7-30 所示。中心构图常用于强调主体的重要性和对称性，同时也为画面带来一种平衡和稳定的感觉。

图 7-30　效果展示

下面介绍使用文心一格小程序生成中心构图照片的操作方法。

Step 01　打开文心一格小程序，进入“AI 创作”界面，如图 7-31 所示。

Step 02　❶在对话框中输入相应的提示词；❷设置“横图”尺寸；❸点击“立即生成”按钮，如图 7-32 所示。

Step 03　执行操作后，即可生成 4 张相应的图片效果，如图 7-33 所示。

图 7-31　进入“AI 创作”界面

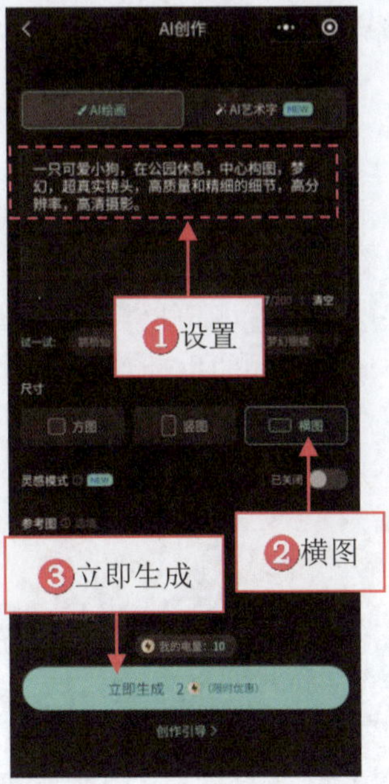

图 7-32　点击“立即生成”按钮

图 7-33　生成图片效果

Step 04　❶在生成的 4 张图片中选择其中一张；❷点击“提升分辨率”按钮，如图 7-34 所示。

Step 05　执行操作后，即可在该图片的基础上进行更加精细的刻画，并放大图片效果，如图 7-35 所示。

▶ 专家指点

在 AI 摄影中，使用提示词“中心构图”不仅能够有效突出主体的形象和特征，增强视觉焦点，还能够让画面更加平衡和谐。

图 7-34　点击“提升分辨率”按钮

图 7-35　放大图片效果

7.3.2　前景构图

前景构图

【效果展示】前景构图是一种摄影技巧，利用靠近镜头的物体作为前景，来增强主体的视觉影响力，创造出具有强烈视觉冲击力和艺术美感的画面。

前景元素不仅为照片增添了深度和维度，还能够引导观众的视线，突出主体，同时还能与背景形成对比，使整个场景更加的生动和立体，效果展示如图 7-36 所示。通过精心选择和安排前景，摄影师能够在观众心中留下深刻的印象，让作品散发出独特的艺术魅力。

图 7-36　效果展示

下面介绍使用即梦 AI App 生成前景构图照片的操作方法。

Step 01　打开即梦 AI App，进入“想象”界面，点击下方输入框，如图 7-37 所示。

Step 02　①输入相应的提示词；②点击按钮；③在弹出的面板中设置“选择比例”为 16∶9，如图 7-38 所示。

图 7-37　点击输入框

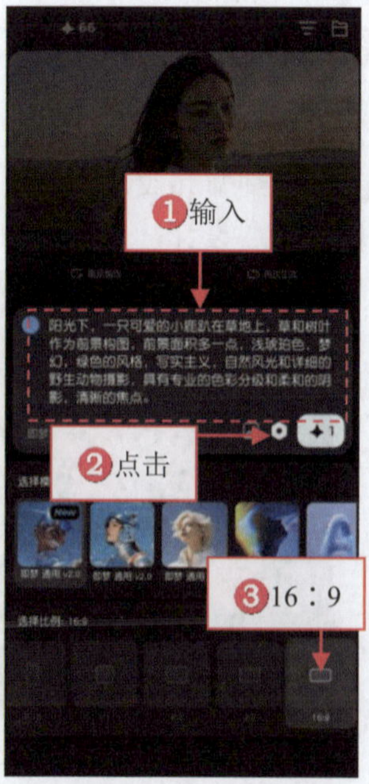

图 7-38　设置相应比例

Step03 点击 ✦ 按钮，即可生成 4 张相应的图片效果，如图 7-39 所示。

Step04 点击其中的一张预览图，然后点击 HD 按钮，如图 7-40 所示，即可在该图片的基础上进行更加精细的刻画，并放大图片效果。

图 7-39　生成图片效果

图 7-40　点击相应按钮

> ▶ **专家指点**
>
> 在 AI 摄影中，运用“前景构图”这一提示词，能够有效地丰富画面的色彩和层次感，赋予照片更多的深度和细节，从而提升作品的吸引力和表现力。

7.3.3　微距构图

微距构图

【效果展示】微距构图是一种独特的摄影技巧，通过近距离拍摄，放大细小物体，揭示其不为人知的细节和纹理，要求摄影师具备精准的对焦能力、对光线的敏感控制及对构图的精心设计，效果展示如图 7-41 所示。

图 7-41　效果展示

下面介绍使用豆包 App 生成微距构图照片的操作方法。

Step 01　打开豆包 App，进入主界面，点击下方的“图片生成”按钮，如图 7-42 所示。

Step 02　弹出相应的输入框，在其中输入相应的提示词，如图 7-43 所示。

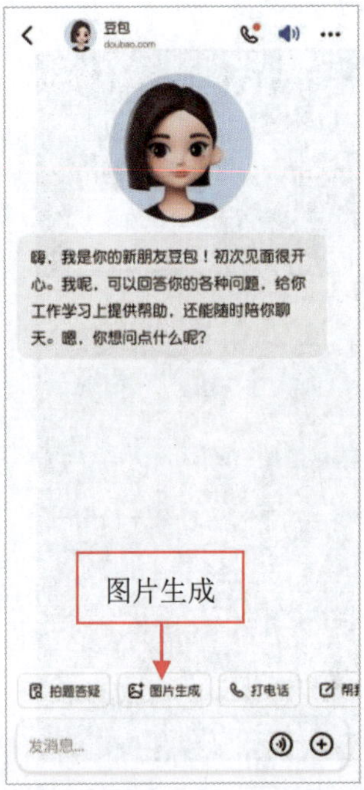

图 7-42　点击“图片生成”按钮

图 7-43　输入相应提示词

Step 03　点击“比例”右侧的下拉按钮，在弹出的列表框中选择 16∶9 选项，如图 7-44 所示，设置图片的生成比例。

Step 04　点击⬆按钮，稍等片刻，即可生成图片效果，如图 7-45 所示。

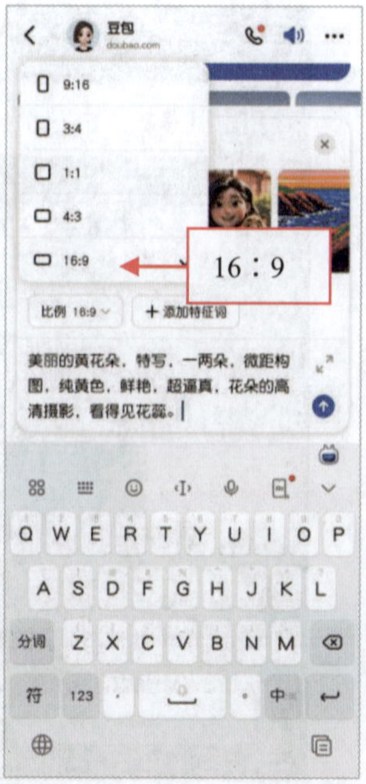

图 7-44　选择 16：9 选项

图 7-45　生成图片效果

▶ 专家指点

在 AI 摄影中，使用提示词“斜线构图”，可以在画面中创造出一种自然而流畅的视觉导引，让观众的目光沿着线条的方向移动，从而引起观众对画面中特定区域的注意。

7.3.4　斜线构图

斜线构图

【效果展示】斜线构图是一种构图艺术，通过在画面中巧妙地运用对角线或斜线来安排视觉元素，相关展示如图 7-46 所示。斜线构图通过让线条以倾斜的角度贯穿整个画面，不仅打破了水平或垂直的常规布局，还为作品注入了活力和动态感。

图 7-46　效果展示

下面介绍使用可灵 AI 生成斜线构图照片的操作方法。

Step 01　打开快影 App，进入“AI 作图”界面，如图 7-47 所示。

Step 02　❶设置“生成风格”为“写实立体”；❷输入相应的提示词，如图 7-48 所示。

图 7-47　进入“AI 作图”界面

图 7-48　输入相应的提示词

Step 03　点击“生成图片”按钮，即可生成相应的图片效果，点击界面右上角的“调整”按钮，如图 7-49 所示。

Step 04　弹出“调整”面板，❶设置“画幅比例”为 16∶9；❷点击“再次生成”按钮，如图 7-50 所示，重新生成图片效果。

Step 05　执行操作后，即可重新生成 4 张 16∶9 的图片效果，如图 7-51 所示。

图 7-49　点击“调整”按钮

图 7-50　点击“再次生成”按钮

图 7-51　重新生成图片效果

▶ 专家指点

在 AI 摄影中，使用提示词“斜线构图”，可以在画面中创造出一种自然而流畅的视觉导引，让观众的目光沿着线条的方向移动，从而引起观众对画面中特定区域的注意。

7.4 AI 摄影的光线类型

在 AI 摄影的世界里，巧妙地融入光线提示词汇，能够塑造出多样化的视觉体验和情感氛围。通过指定光源的位置、亮度等关键词汇，可以对画面的焦点进行强调或柔和化处理，进而调整整个场景的情感基调，提升作品的表现力。本节将介绍 4 种 AI 摄影中常见的光线运用技巧。

7.4.1 顺光

顺光

【效果展示】顺光摄影是一种光线直接照射在拍摄对象上的技术，即主体面向光源。在 AI 摄影中，通过使用“前照灯”“顺光”这两个提示词，可以使主体显得更为明亮和活泼，其轮廓线条更加清晰，增强了立体感。这种光线处理还能有效地将主体与背景区分开来，从而丰富了画面的深度和层次，效果展示如图 7-52 所示。

图 7-52 效果展示

下面介绍使用文心一格小程序生成顺光效果照片的操作方法。

Step 01 打开文心一格小程序，进入“AI 创作”界面，如图 7-53 所示。

Step 02 ❶在对话框中输入相应的提示词；❷设置“横图”尺寸；❸点击“立即生成”按钮，如图 7-54 所示。

Step 03 执行操作后，即可生成 4 张相应的图片效果，如图 7-55 所示。

Step 04 ❶在生成的 4 张图片中选择其中一张进行放大；❷点击“提升分辨率”按钮，如图 7-56 所示。

Step 05 执行操作后，即可在该图片的基础上进行更加精细的刻画，并放大图片效果，如图 7-57 所示。

图 7-53　进入“AI 创作”界面

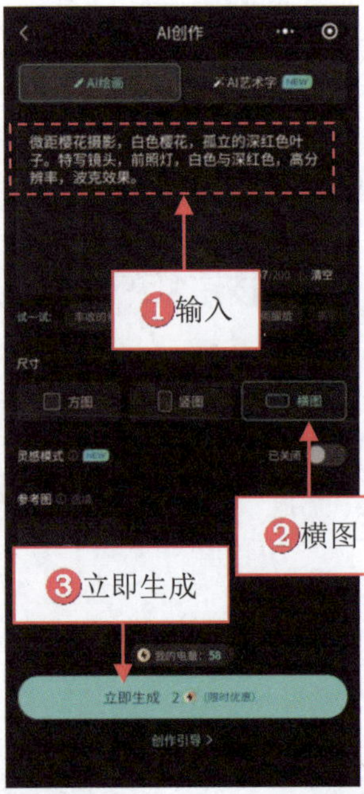

图 7-54　点击“立即生成”按钮

图 7-55　生成图片效果

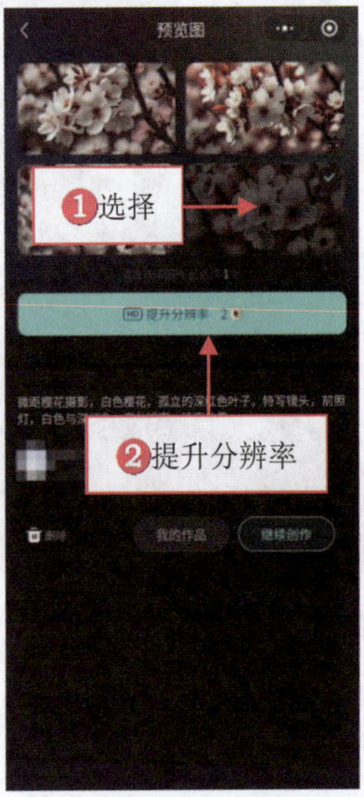

图 7-56　点击“提升分辨率”按钮

图 7-57　放大图片效果

7.4.2　侧光

侧光

【效果展示】侧光是指从侧面来的光线，是摄影中用于强调物体表面纹理和轮廓的有力工具。侧光能够产生鲜明的阴影和高光区域，从而增加画面的深度和立体感。侧光特别适合用于肖像摄影和美食摄影，因为能够突出细节特征，同时减少不想要的阴影，让拍摄对象的形态更加生动和有层次，效果展示如图 7-58 所示。

图 7-58　效果展示

下面介绍使用即梦 AI App 生成侧光效果照片的操作方法。

Step 01　打开即梦 AI App，进入“想象”界面，点击下方输入框，如图 7-59 所示。

Step 02　❶输入相应的提示词；❷点击按钮；❸在弹出的面板中设置“选择比例”为 16∶9，如图 7-60 所示。

图 7-59　点击输入框

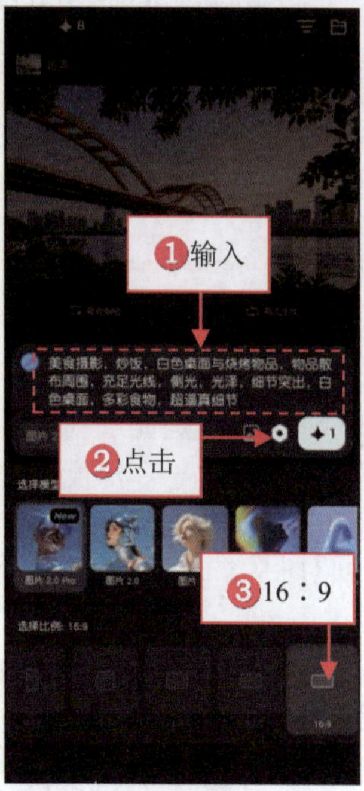

图 7-60　设置相应比例

Step 03　点击按钮，即可生成 4 张相应的图片效果，如图 7-61 所示。

Step 04　点击其中的一张预览图，然后点击 HD 按钮，如图 7-62 所示，即可在该图片的基础上进行更加精细的刻画，并放大图片效果。

图 7-61　生成图片效果

图 7-62　点击相应按钮

> **▶ 专家指点**
>
> 在 AI 摄影领域，通过输入“倾斜灯”“侧光”这样的提示词，可以有效地突出物体表面的细微特征和立体效果。使用侧光不仅增强了细节的呈现，还能在色彩对比和明暗差异上产生更加鲜明的视觉效果。

7.4.3　逆光

逆光

【效果展示】逆光技术是通过从拍摄对象背面投射光线，创造出轮廓分明的剪影效果，增强照片的立体感和深度。这种技术常用于强调主体的形状和边缘，尤其在日落或日出时，逆光能带来戏剧性的视觉冲击力和情感表达。例如，使用 AI 创作逆光人像照片，可以使人物轮廓清晰且边缘带有柔和光晕的效果，增添梦幻般的神秘感和深度，效果展示如图 7-63 所示。

图 7-63　效果展示

下面介绍使用豆包 App 生成逆光效果照片的操作方法。

Step 01 打开豆包 App，进入主界面，点击下方的“图片生成”按钮，如图 7-64 所示。

Step 02 弹出相应的输入框，在其中输入相应的提示词，如图 7-65 所示。

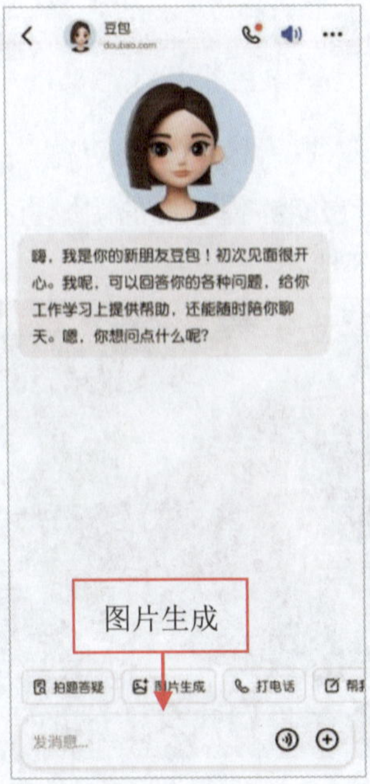

图 7-64　点击“图片生成”按钮

图 7-65　输入相应提示词

Step 03 点击“比例”右侧的下拉按钮，在弹出的列表框中选择 16∶9 选项，如图 7-66 所示，设置图片的生成比例。

Step 04 点击⬆按钮，稍等片刻，即可生成图片效果，如图 7-67 所示。

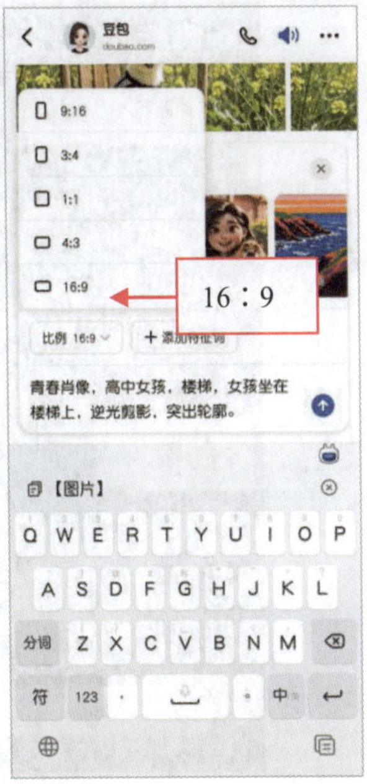

图 7-66　选择 16∶9 选项

图 7-67　生成图片效果

▶ 专家指点

在 AI 摄影中，通过输入“背光”这一提示词，可以创造出鲜明的视觉层次和深度感，使物体的轮廓线更加突出和清晰。这种光线效果在拍摄人像和风景照片时尤为出色，能够带来强烈的视觉冲击力。

7.4.4 顶光

顶光

【效果展示】顶光是从上方垂直投射的光线，它能够使主体的阴影直接投射在下方，形成垂直的投影效果，效果展示如图 7-68 所示。

图 7-68 效果展示

下面介绍使用可灵 AI 生成顶光效果照片的操作方法。

Step 01 打开快影 App，进入“AI 作图”界面，如图 7-69 所示。

Step 02 ❶设置“生成风格”为“写实立体”；❷输入相应的提示词，如图 7-70 所示。

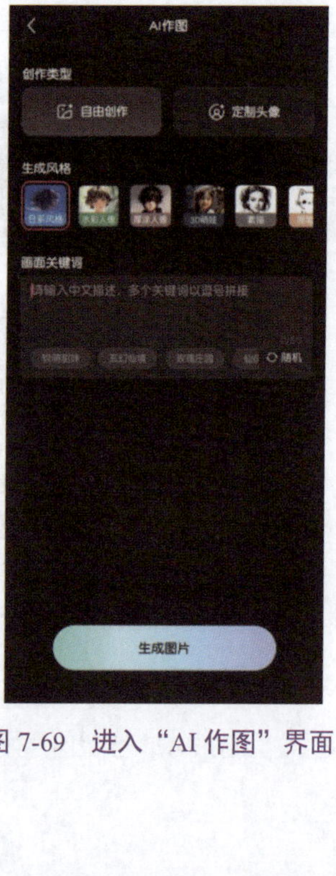

图 7-69 进入“AI 作图”界面

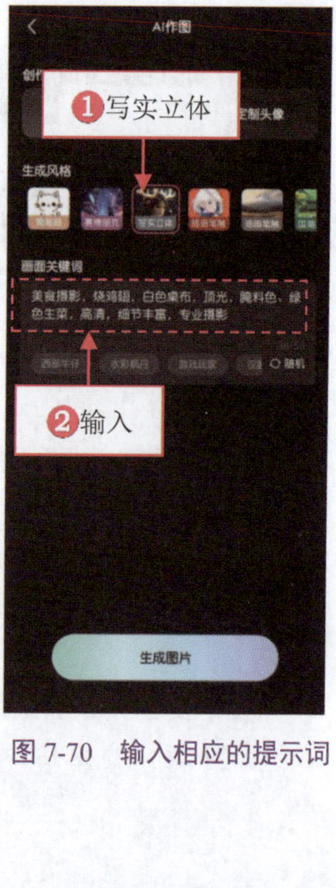

图 7-70 输入相应的提示词

Step 03 点击“生成图片”按钮，即可生成相应的图片效果，点击界面右上角的“调整”按钮，如图 7-71 所示。

Step 04 弹出“调整”面板，❶设置“画幅比例”为 16：9；❷点击“再次生成”按钮，如图 7-72 所示，重新生成图片效果。

Step 05 执行操作后，即可重新生成 4 张 16：9 的图片效果，如图 7-73 所示。

图 7-71　点击“调整”按钮

图 7-72　点击“再次生成”按钮

图 7-73　重新生成图片效果

本章小结

本章主要介绍了 AI 摄影的基本知识。首先介绍了 AI 摄影的基础，包括 AI 摄影技术的概念、AI 摄影的技术原理、AI 摄影的本质、AI 摄影的优点、AI 是有灵魂的摄影；其次介绍了 AI 摄影的视角方式，包括特写、近景、中景及远景；再次介绍了 AI 摄影的构图方法，包括中心构图、前景构图、微距构图及斜线构图；最后介绍了 AI 摄影的光线类型，包括顺光、侧光、逆光及顶光。通过本章的学习，读者能了解 AI 摄影的关键技术。

课后实训

课后实训

鉴于本章知识的重要性，为了更好地掌握所学知识，将通过课后实训帮助读者进行简单的知识回顾和补充。

问题：使用豆包 App 生成一张星空摄影照片，效果如图 7-74 所示。

图 7-74　效果展示

回答：下面介绍使用豆包 App 生成星空摄影照片的操作方法。

Step 01　打开豆包 App，进入首页，点击下方的“图片生成”按钮，如图 7-75 所示。

Step 02　弹出相应的输入框，❶设置 16∶9 比例；❷在其中输入相应的提示词，如图 7-76 所示。

Step 03　点击按钮，即可生成相应的图片效果，如图 7-77 所示。

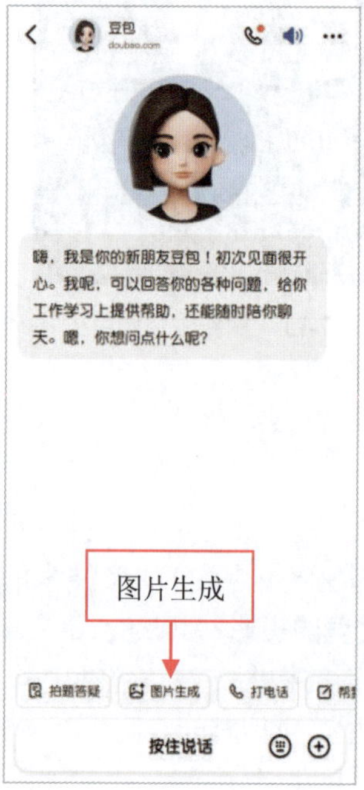

图 7-75　点击“图片生成”按钮

图 7-76　输入相应的提示词

图 7-77　生成图片效果

第 8 章
AI 摄影的生成技巧

8

从传统摄影的精湛技艺到现代科技的飞速跃进，AI 摄影不仅重新定义了摄影的边界，还赋予了前所未有的创作自由度。本章将主要讲述 AI 摄影的生成技巧，帮助读者对 AI 摄影的操作更加熟络。

本章重点

➢ 掌握对 AI 照片进行二次创作的方法
➢ 掌握对 AI 照片进行精修优化的方法

素质目标

➢ 培养读者对 AI 摄影工具的内在逻辑建立科学严谨的认知
➢ 培养读者利用 AI 突破限制的创新思维与设计能力

8.1 对 AI 照片进行二次创作

在即梦 AI 中，“智能画布”功能通过结合 AI 技术，为用户提供了一个强大且易于使用的图像编辑平台，无论是专业设计师还是普通用户，都能够轻松地通过“智能画布”功能进行创意编辑和图像的二次创作。本节将主要介绍 AI 图片的二次创作技巧。

8.1.1 对图片进行局部重绘操作

对图片进行局部重绘操作

【效果对比】在即梦 AI 的智能画布编辑页面中，AI 技术可以帮助用户对图像的特定部分进行重绘，以实现图片的混合操作，效果对比如图 8-1 所示。

图 8-1　效果对比

下面介绍使用即梦 AI 对图片进行局部重绘的操作方法。

Step 01 进入即梦 AI 的首页，在“AI 作图”选项区中单击“智能画布”按钮，如图 8-2 所示，使用“智能画布”功能进行二次作图。

图 8-2　单击“智能画布”按钮

Step 02 进入即梦 AI 的智能画布编辑页面，在左上方单击“上传图片”按钮，如图 8-3 所示，通过该按钮可以上传参考图片。

Step 03 弹出“打开”对话框，在其中选择需要上传的参考图片，如图 8-4 所示。

图 8-3　单击“上传图片”按钮

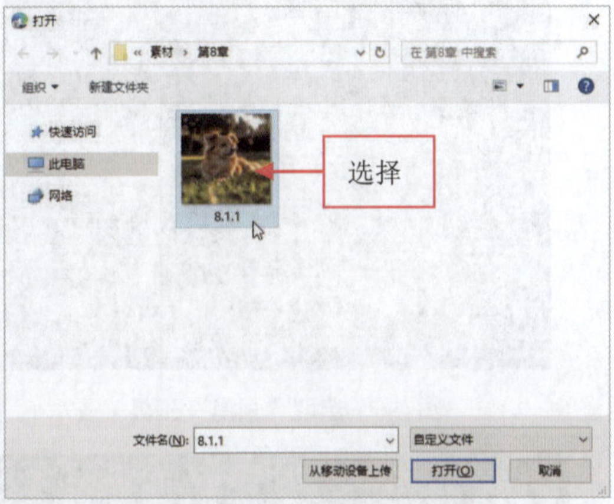

图 8-4　选择需要上传的参考图片

Step 04 单击“打开”按钮，即可将图片上传至智能画布编辑页面中，在中间的预览窗口中可以查看上传的图片效果，单击页面上方的“局部重绘”按钮，如图 8-5 所示，通过该按钮可以对上传的图片进行局部重绘操作。

图 8-5　单击“局部重绘”按钮

Step 05 进入“局部重绘”编辑页面，选取画笔工具，如图 8-6 所示。该工具主要用来涂抹画面中需要重绘的区域。

Step 06 设置画笔大小为 50，如图 8-7 所示，将画笔调大一点，这样涂抹的区域就会大一些。

Step 07 将鼠标移至图像中需要重绘的区域，按住鼠标左键并拖曳，进行适当涂抹，涂抹过的区域呈淡蓝色显示，如图 8-8 所示。

Step 08 在下方文本框中，输入相应的提示词内容，表示需要重新生成的图片内容，单击“局部重绘”按钮，如图 8-9 所示。

图 8-6　选取“画笔”工具

图 8-7　设置画笔大小为 50

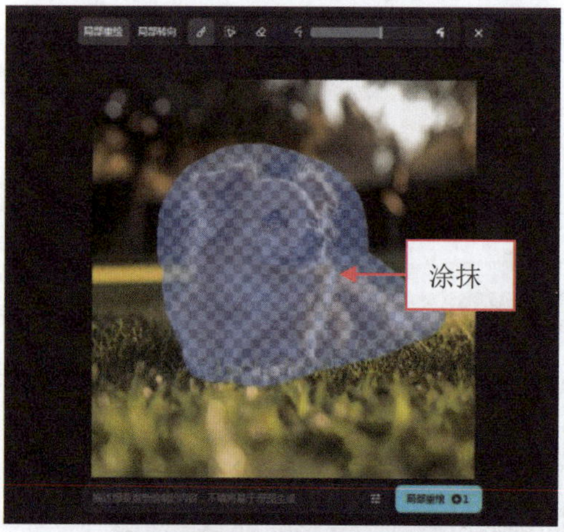

图 8-8　在图像上进行适当涂抹

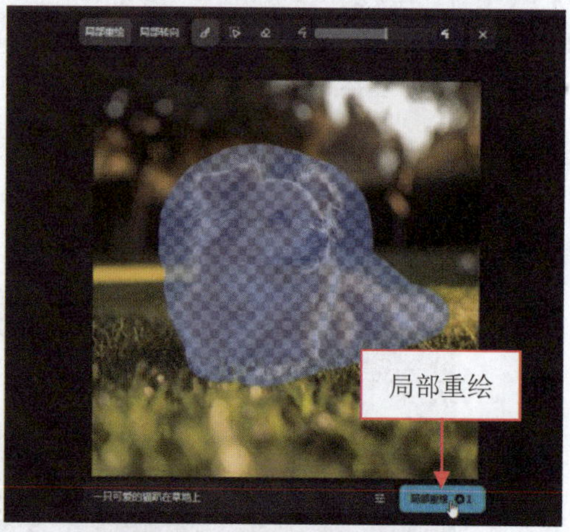

图 8-9　单击“局部重绘”按钮

Step 09　执行操作后，即可对图像进行局部重绘操作，在中间的预览窗口中可以查看局部重绘效果，如图 8-10 所示。

图 8-10　查看局部重绘效果

Step 10 在右侧的“图层”面板中，显示了生成的图像记录，选择第 2 幅图像缩略图，可以更换局部重绘的效果，如图 8-11 所示。

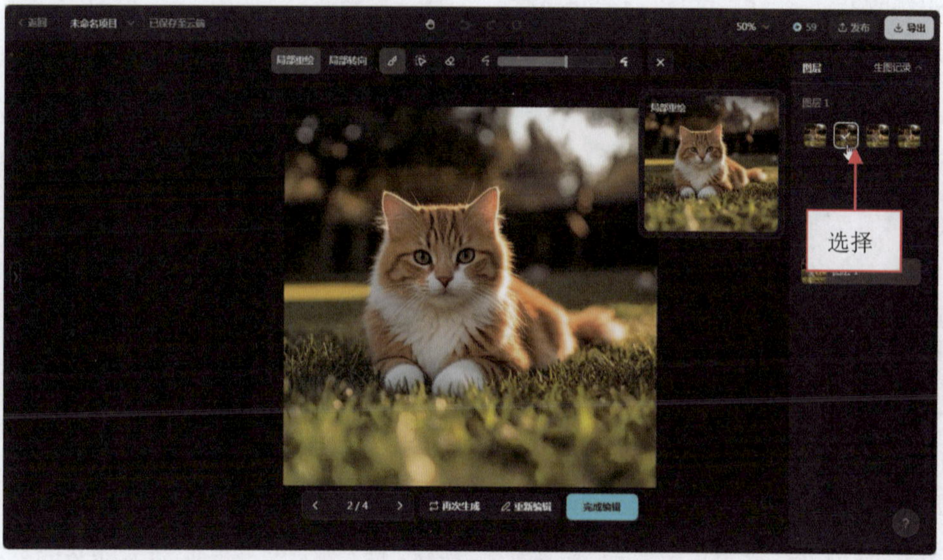

图 8-11　更换局部重绘的效果

Step 11 在页面的右上角位置，单击“导出”按钮，弹出“导出设置”面板，❶在其中设置“格式”为 PNG；❷单击“下载”按钮，如图 8-12 所示，即可下载 AI 图片。

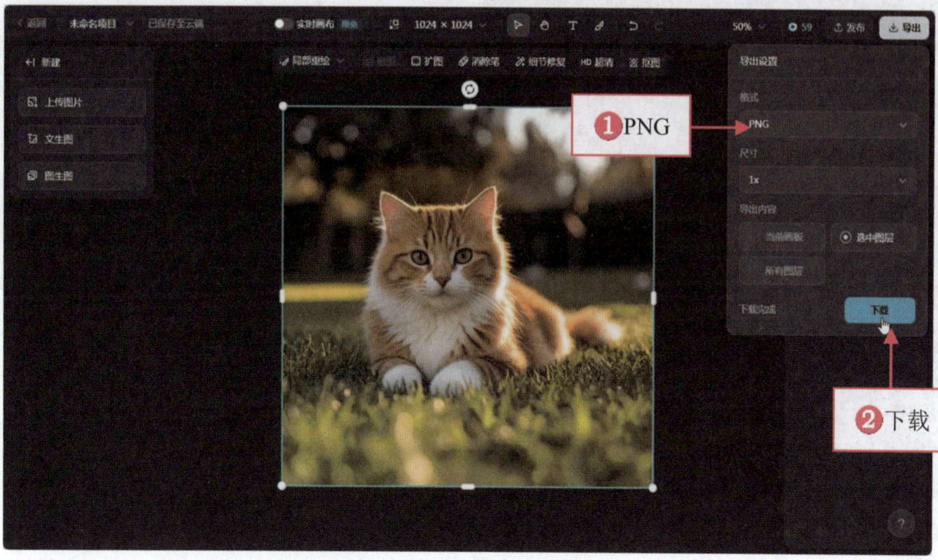

图 8-12　单击“下载”按钮

8.1.2　对图片进行无损扩图操作

对图片进行无损扩图操作

【效果对比】在即梦 AI 的智能画布编辑页面中，用户可以扩展图像的画幅，AI 会智能填充新的图像区域，保持原有风格和内容的一致性，效果对比如图 8-13 所示。

图 8-13　效果对比

下面介绍使用即梦 AI 对图片进行无损扩图的操作方法。

Step 01　在“AI 作图”选项区中单击“智能画布”按钮，进入智能画布编辑页面，在左上方单击“上传图片”按钮，如图 8-14 所示。

Step 02　弹出“打开”对话框，选择需要上传的参考图片，如图 8-15 所示。

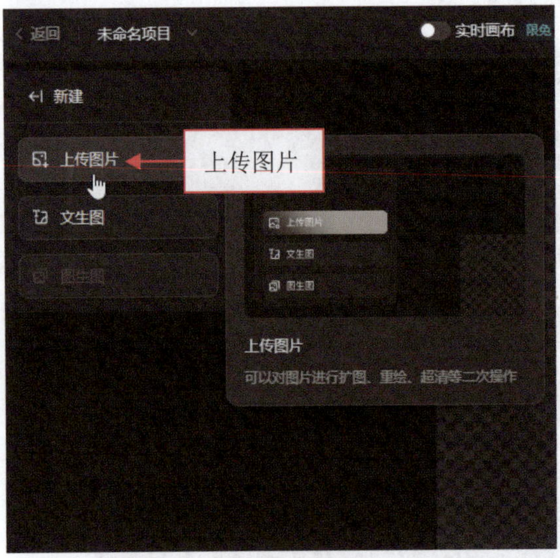

图 8-14　单击“上传图片”按钮

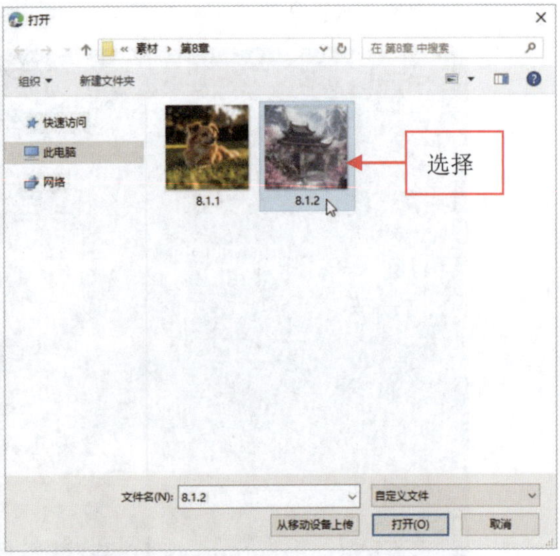

图 8-15　选择需要上传的参考图片

Step 03　单击“打开”按钮，即可将图片上传至智能画布编辑页面中，在中间的预览窗口中可以查看上传的图片效果，单击页面上方的“扩图”按钮，如图 8-16 所示，通过该按钮可以对上传的图片进行无损扩图操作。

Step 04　进入扩图编辑页面，如图 8-17 所示，在图片上方可以设置扩图的比例。

Step 05　设置“扩图倍数”为 2x，如图 8-18 所示，表示对图片进行两倍放大。

Step 06　单击“扩图”按钮，即可对 AI 图片进行无损扩图操作，效果如图 8-19 所示。

图 8-16　单击页面上方的“扩图”按钮

图 8-17　进入扩图编辑页面

图 8-18　设置“扩图倍数”为 2x

图 8-19　对 AI 图片进行无损扩图操作

8.1.3　消除图片中不需要的细节

消除图片中不需要的细节

【**效果对比**】在即梦 AI 的智能画布编辑页面中，“消除笔”按钮可用于移除或擦除图像中不需要的部分。这个工具利用 AI 技术，可以智能地识别并消除图像中的特定元素，同时尽量减少对周围区域的影响，效果对比如图 8-20 所示。

图 8-20　效果对比

下面介绍使用即梦 AI 消除图片中不需要的细节的操作方法。

Step 01　在“AI 作图”选项区中单击“智能画布”按钮，进入智能画布编辑页面，单击“上传图片”按钮，上传一张图片素材，单击“消除笔”按钮，如图 8-21 所示，通过该功能可以消除图片中不需要的细节。

图 8-21　单击“消除笔”按钮

Step 02 进入消除笔编辑页面，选取画笔工具，设置画笔大小为 25，如图 8-22 所示，使画笔的大小符合绘画需求。

Step 03 将鼠标移至图像中需要消除的区域，按住鼠标左键并拖曳，进行适当涂抹，涂抹过的区域呈淡蓝色显示，如图 8-23 所示。

图 8-22 设置画笔大小为 25

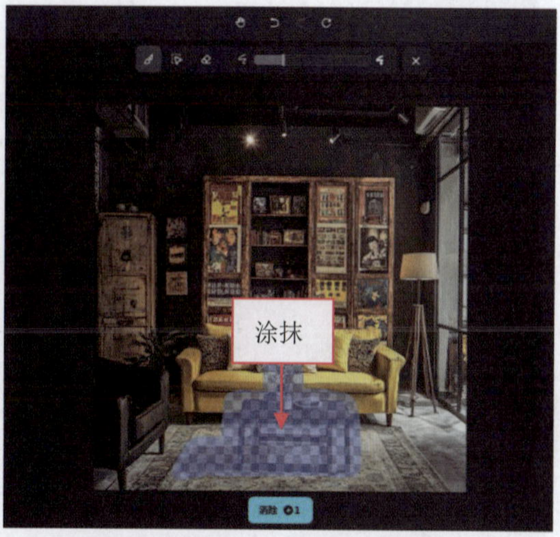

图 8-23 对图像进行适当涂抹

Step 04 单击“消除”按钮，即可消除图像中不需要的细节，效果如图 8-24 所示。

图 8-24 消除图像中不需要的细节

8.1.4 对图片进行自动抠图处理

对图片进行自动抠图处理

【效果对比】在即梦 AI 的智能画布编辑页面中，“抠图”功能可以对图片进行抠图操作。这是一个利用 AI 技术来识别和分离图像中的对象的功能（会自动检测图像中的主要对象，如人物、动物或特定物品），以便用户可以将这些对象从原始背景中独立出来。该功能在抠图过程中，可以保留对象的细节，如头发丝、羽毛等细微部分，效果对比如图 8-25 所示。

图 8-25　效果对比

下面介绍使用即梦 AI 对图片进行自动抠图的操作方法。

Step 01　在“AI 作图”选项区中单击“智能画布”按钮，进入智能画布编辑页面，单击“上传图片”按钮，上传一张图片素材，单击“抠图”按钮，如图 8-26 所示，通过该功能可以对图片进行智能抠图操作。

Step 02　进入抠图编辑页面，AI 自动识别图片中的主体对象，并进行高亮显示，如图 8-27 所示。

图 8-26　单击“抠图”按钮

图 8-27　AI 自动识别主体对象

Step 03　单击“抠图”按钮，即可对图片进行自动抠图处理，效果如图 8-28 所示。

Step 04　在页面的右上角位置，单击“导出”按钮，如图 8-29 所示。

Step 05　执行操作后，弹出“导出设置”面板，❶设置“格式”为 PNG；❷单击“下载”按钮，如图 8-30 所示，即可下载 AI 图片。

图 8-28　对图片进行自动抠图处理

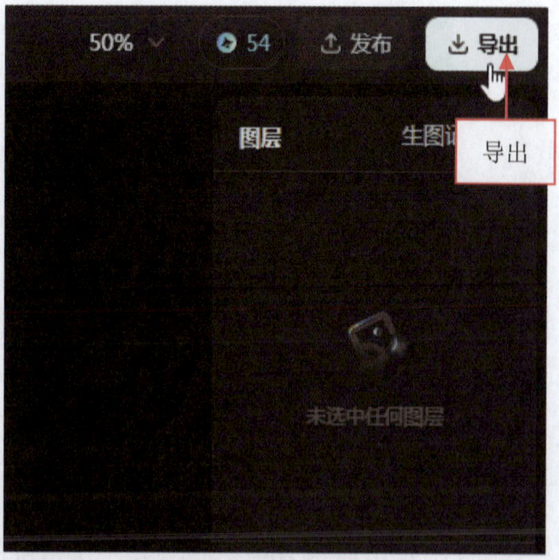

图 8-29　单击“导出”按钮

图 8-30　单击“下载”按钮

8.2　对 AI 照片进行精修优化

目前，剪映 App 中的“AI 作图”工具已经取得了很大的进步，但仍然存在一些局限性。AI 模型是基于大量的训练数据进行学习的，如果训练数据中缺乏手指变形的样本，模型可能无法准确地绘制出人物手指的形状。本节主要介绍使用剪映 App 对 AI 照片进行精修优化的操作方法。

8.2.1　处理人物手部错乱的问题

处理人物手部错乱的问题

【效果对比】在使用 AI 绘图工具时，遇到人物五官不协调或手指有问题等细节错误都是相对常见的问题，这些问题通常由 AI 模型在处理复杂细节时的局限性引起。此时，使用剪映 App 可以解决人物手部不自然的问题，效果对比如图 8-31 所示。

图 8-31　效果对比

下面介绍使用剪映 App 处理人物手部错乱的操作方法。

Step 01　打开剪映 App 的“剪辑”界面，点击右上角的“展开”按钮，展开功能区，点击“AI 作图”按钮，如图 8-32 所示，进入 AI 作图界面。

Step 02　在其中输入相应的提示词内容，点击“立即生成”按钮，即可生成相应的 AI 照片，选择相应照片，生成超清图，此时发现人物出现手指不自然的现象，如图 8-33 所示。

图 8-32　点击“AI 作图”按钮

图 8-33　人物手指不自然

Step 03　在界面中点击该照片，即可放大显示画面内容，点击下方工具栏中的“局部重绘”按钮，如图 8-34 所示。

Step 04　弹出“局部重绘”面板，在照片中人物的手指处进行涂抹，表示此处为需要重绘的区域，如图 8-35 所示。

Step 05　点击下方的输入框，添加对手指的描述，如图 8-36 所示。

图 8-34　点击“局部重绘”按钮

图 8-35　对人物手指进行涂抹

图 8-36　添加对手指的描述

Step 06 点击“确认”按钮，然后点击“立即生成”按钮，即可重新生成 AI 照片，此时人物手指正常了，如图 8-37 所示。

Step 07 选择第 1 张 AI 照片，点击“超清图”按钮，预览高清照片，如图 8-38 所示。

图 8-37　重新生成图片效果

图 8-38　预览高清照片

8.2.2 处理动物嘴部混乱的问题

处理动物嘴部混乱的问题

【效果对比】 在剪映 App 中，使用“细节重绘”功能，可以自动微调并重新生成动物的嘴部，效果对比如图 8-39 所示。

图 8-39 效果对比

下面介绍使用剪映 App 处理动物嘴部混乱的操作方法。

Step 01 在“创作”界面中，选择一张动物嘴部有问题的照片，放大显示观察动物的嘴部，可以看出这只小狗的嘴部不协调，不符合正常的结构，如图 8-40 所示。

Step 02 点击左上角的箭头，返回“创作”界面，点击下方的“细节重绘”按钮，如图 8-41 所示，对图像进行重绘。

图 8-40 放大观察照片

图 8-41 点击“细节重绘”按钮

Step 03 执行操作后，即可重新生成小狗照片，照片左上角显示了“细节重绘”字样，此时可以发现小狗的嘴部正常了，如图 8-42 所示。

Step 04 点击小狗预览图，放大显示照片，点击右上角的“导出”按钮，如图 8-43 所示，即可导出 AI 照片。

图 8-42　重新生成小狗照片

图 8-43　点击“导出”按钮

8.2.3　重新更换人物衣服的颜色

重新更换人物衣服的颜色

【效果对比】在剪映 App 中，“微调”功能使用了图像分割和颜色替换等技术，可以对图像的局部进行细微的修改或调整，使得用户能够在不重新绘制整个图像的情况下，轻松地对局部细节进行修改，效果对比如图 8-44 所示。

图 8-44　效果对比

下面介绍使用剪映 App 重新更换人物衣服颜色的操作方法。

Step 01 在“创作”界面中，选择一张需要更改衣服颜色的人物照片，点击下方的“微调”按钮，如图 8-45 所示。

Step02 弹出“微调”面板，在输入框中基于原描述进行适当修改，如图 8-46 所示。

图 8-45　点击“微调”按钮

图 8-46　基于原描述进行修改

Step03 点击“立即生成”按钮，即可重新生成相应的 AI 照片，可以看到人物的衣服已经变为黑色，如图 8-47 所示。

Step04 选择第 1 张 AI 照片，点击“超清图”按钮，预览高清照片，效果如图 8-48 所示。

图 8-47　重新生成 AI 照片

图 8-48　预览高清照片

8.2.4　调整 AI 照片的精细程度

调整 AI 照片的精细程度

【效果展示】在剪映 App 中，“精细度”参数主要用于控制生成图像的质量和精细程度。通常情况下，“精细度”的数值越高，生成的图像质量越好，细节更丰富，但同时也会增加生成图像所需的时间，效果展示如图 8-49 所示。

图 8-49　效果展示

下面介绍使用剪映对调整 AI 照片精细程度的操作方法。

Step 01 进入“创作”界面，在输入框中输入相应的提示词内容，如图 8-50 所示。

Step 02 点击下方的按钮，弹出“参数调整”面板，在其中设置“精细度”为 50、“比例”为 16∶9，如图 8-51 所示，可以使生成的 AI 照片细节很丰富，具有较高的图像质量。

图 8-50　输入提示词内容

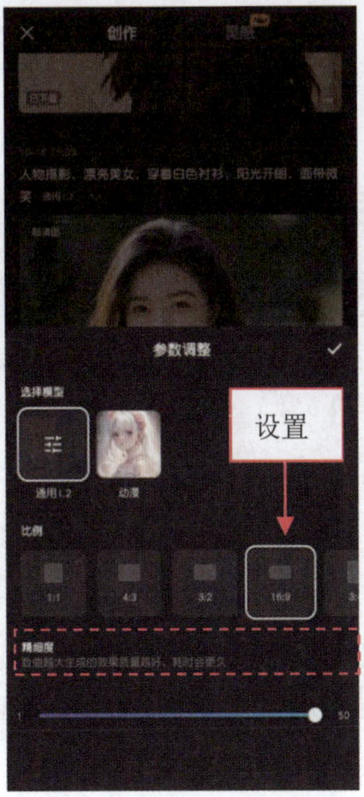

图 8-51　设置相应参数

Step 03 点击按钮，然后点击“立即生成”按钮，即可生成精细度较高的 AI 照片，细节很丰富，如图 8-52 所示。

Step 04 选择第 3 张 AI 照片，点击“超清图”按钮，预览高清照片，效果如图 8-53 所示。

图 8-52 生成精细度较高的 AI 照片

图 8-53 预览高清照片

8.2.5 调整照片的饱和度与色彩

调整照片的饱和度与色彩

【效果对比】色彩鲜艳、丰富的 AI 照片更具有吸引力，能够更好地吸引观众的注意力。通过增加照片的饱和度并调整画面的色彩，可以使图像中的颜色更加生动，从而增强图像的视觉吸引力，效果对比如图 8-54 所示。

图 8-54 效果对比

下面介绍使用剪映 App 调整照片饱和度与色彩的操作方法。

Step 01 进入“创作”界面，点击一张需要调整饱和度的 AI 照片，如图 8-55 所示。

Step 02 执行操作后，进入相应界面，点击“编辑更多”按钮，如图 8-56 所示。

Step 03 进入相应界面，点击“调节”按钮，如图 8-57 所示。

图 8-55　点击一张 AI 照片

图 8-56　点击“编辑更多”按钮

图 8-57　点击“调节”按钮

Step 04 弹出“调节”面板，设置“光感”为 20，如图 8-58 所示，将画面稍微调亮一点。

Step 05 设置“亮度”为 9，如图 8-59 所示，适当提亮画面，显示更多细节。

Step 06 设置“对比度”为 28，如图 8-60 所示，增强画面的对比度。

图 8-58　设置“光感”参数

图 8-59　设置“亮度”参数

图 8-60　设置“对比度”参数

Step 07 设置“饱和度”为 30，如图 8-61 所示，增强画面的色彩，使照片更加鲜艳。

Step 08 设置“自然饱和度”为 20，如图 8-62 所示，再次增强照片的色彩，点击右侧的✓按钮，完成 AI 照片的调整。

图 8-61 设置“饱和度”参数

图 8-62 设置“自然饱和度”参数

8.2.6 制作照片的磨砂质感效果

制作照片的磨砂质感效果

【效果对比】高级磨砂质感效果是一种具有光滑、柔和、细腻的外观和触感的图像处理效果，可以使图像看起来仿佛覆盖了一层细腻的磨砂材质，能给人一种柔和、温暖的感觉。这种效果通常用来美化照片或设计作品，增加其视觉吸引力和质感，效果对比如图 8-63 所示。

图 8-63 效果对比

下面介绍使用剪映 App 制作照片磨砂质感效果的操作方法。

Step 01 进入“创作”界面，点击一张需要调整的 AI 照片，进入相应界面，点击“编辑更多”按钮，进入相应界面，点击“调节”按钮，如图 8-64 所示。

Step 02 弹出“调节”面板，设置“纹理”为 100，如图 8-65 所示，增强图像中的纹理细节，使其具有磨砂质感。

图 8-64　点击“调节”按钮

图 8-65　设置“纹理”参数

Step03 设置“颗粒”为 12，如图 8-66 所示，增强图像中的颗粒效果，使其更加明显和粗糙，更具有纹理和层次感。

Step04 设置“对比度”为 30，如图 8-67 所示，提升画面的视觉效果，点击右侧的✓按钮，即可完成操作。

图 8-66　设置“颗粒”参数

图 8-67　设置“对比度”参数

8.2.7　为照片应用高级滤镜效果

为照片应用高级滤镜效果

【效果对比】滤镜效果可以为图像增添一份艺术性和独特性，使其更具吸引力和观赏性。这些高级感的滤镜效果通常模拟了传统艺术媒介（如油画、水彩画等）的效果，或者模拟了特殊的摄影技术，从而为图像赋予了新的视觉体验，效果对比如图 8-68 所示。

图 8-68　效果对比

下面介绍为 AI 图片应用高级滤镜效果的操作方法。

Step 01 进入“创作”界面，点击一张需要调整的 AI 图片，进入相应界面，点击“编辑更多”按钮，进入相应界面，点击“滤镜”按钮，如图 8-69 所示。

Step 02 弹出相应面板，在“热门”选项卡中选择“古早记忆”选项，如图 8-70 所示，使图片呈现出一种复古、怀旧的视觉效果。

Step 03 ❶在“热门”选项卡中选择“冷白皮”选项，对人物的肤色进行调整；❷滤镜添加完成后，点击右侧的✓按钮，如图 8-71 所示，即可完成操作。

图 8-69　点击“滤镜”按钮

图 8-70　选择“古早记忆”选项

图 8-71　点击相应按钮

本章小结

本章主要介绍了 AI 摄影的生成技巧。首先介绍了对 AI 照片进行二次创作的方法，包括对图片进行局部重绘操作、对图片进行无损扩图操作、消除图片中不需要的细节及对图片进行自动抠图处理；其次介绍了对 AI 照片进行精修优化的方法，包括处理人物手部错乱的问题、处理动物嘴部混乱的问题、重新更换人物衣服的颜色、调整 AI 照片的精细程度、调整照片的饱和度与色彩、制作照片的磨砂质感效果、为照片应用高级滤镜效果。通过本章的学习，读者应能掌握 AI 摄影的各种生成方法。

课后实训

课后实训

鉴于本章知识的重要性，为了更好地掌握所学知识，将通过课后实训帮助读者进行简单的知识回顾和补充。

问题：使用剪映 App 变换照片中的元素，效果如图 8-72 所示。

图 8-72　效果对比

回答：下面介绍使用剪映 App 变换照片中的元素的操作方法。

Step 01 在“创作”界面中，选择一张咖啡的照片，点击下方的“微调”按钮，如图 8-45 所示。

Step 02 弹出“微调”面板，在输入框中基于原描述进行适当修改，如图 8-46 所示。

Step 03 点击“确认”按钮，即可重新生成相应的 AI 照片，可以看到图中的咖啡变成了茶，如图 8-47 所示。

图 8-73　点击“微调”按钮

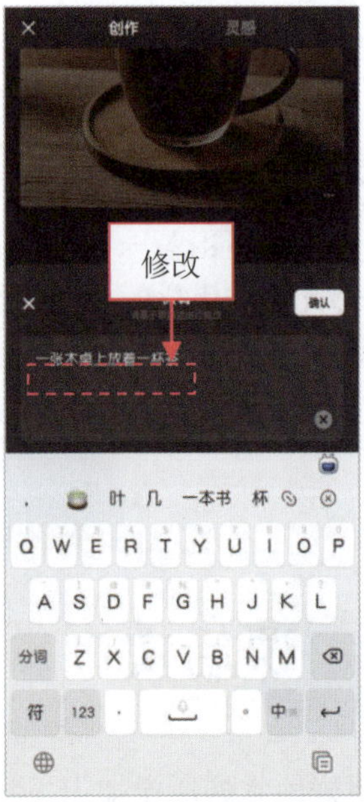

图 8-74　对描述进行修改

图 8-75　生成图片效果

第 9 章 AI 摄影的实战案例

9

AI 摄影作品可以是纪实的，也可以是抽象的；既可以追求自然真实的记录，也可以通过艺术手法呈现出别样的美感。本章将主要介绍 3 个不同领域的 AI 摄影热门案例，帮助读者掌握各种类型的创作技巧。

本章重点

- 掌握生成 AI 人像摄影的方法
- 掌握生成 AI 动物摄影的方法
- 掌握生成 AI 风光摄影的方法

素质目标

- 培养读者多维度视觉认知与跨类型创作能力
- 培养读者融通技术与美学的创作思维

9.1 生成 AI 人像摄影作品

在所有的摄影题材中，人像的拍摄占据着非常大的比例，因此如何用 AI 模型生成人像照片也是很多初学者急切希望学会的。多学、多看、多练、多积累提示词，这些都是创作优质 AI 人像摄影作品的必经之路。

9.1.1 古风人像

古风人像

【效果展示】古风人像是一种以古代风格、服饰和氛围为主题的人像摄影题材，追求传统美感，通过细致的布景、服装和道具，将人物置于古风背景中，创造出古典而优雅的画面，效果展示如图 9-1 所示。

图 9-1 效果展示

> ▶ 专家指点
>
> 古风人像是一种极具中国传统和浪漫情怀的摄影方式，强调古典气息、文化内涵与艺术效果相结合的表现手法，旨在呈现优美、清新、富有感染力的画面。
>
> 在用 AI 生成古风人像照片时，可以添加以下提示词来营造古风氛围。
>
> （1）绸缎：高贵、典雅的丝织品。
>
> （2）汉服：中国古代的传统服饰。
>
> （3）古琴：中国古代的弹拨乐器。
>
> （4）金丝绒：柔软、光泽度高的纺织面料。
>
> （5）云纹：模拟云层纹路的装饰元素。
>
> （6）古典建筑：古风特色的建筑。

下面介绍使用文心一格小程序生成古风人像照片的操作方法。

Step 01 打开文心一格小程序，进入“AI 创作”界面，如图 9-2 所示。

Step 02 ❶在对话框中输入相应的提示词；❷设置“横图”尺寸；❸点击“立即生成”按钮，如图 9-3 所示。

Step 03 执行操作后，即可生成 4 张相应的图片效果，如图 9-4 所示。

图 9-2　进入“AI 创作”界面

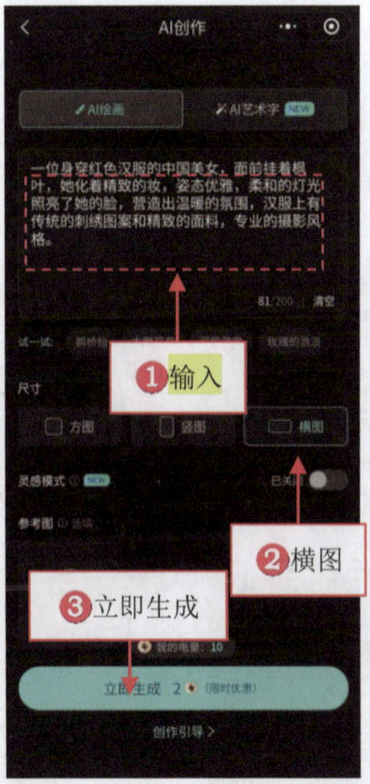

图 9-3　点击“立即生成”按钮

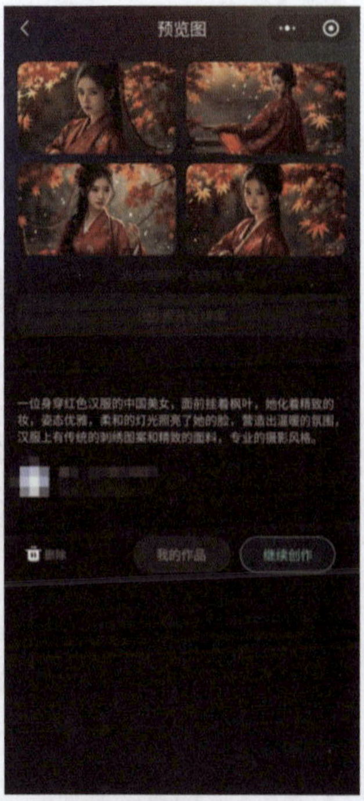

图 9-4　生成图片效果

Step 04　①在生成的 4 张图片中选择其中合适的一张；②点击“提升分辨率”按钮，如图 9-5 所示。

Step 05　执行上述操作后，即可在该图片的基础上进行更加精细的刻画，并放大图片效果，如图 9-6 所示。

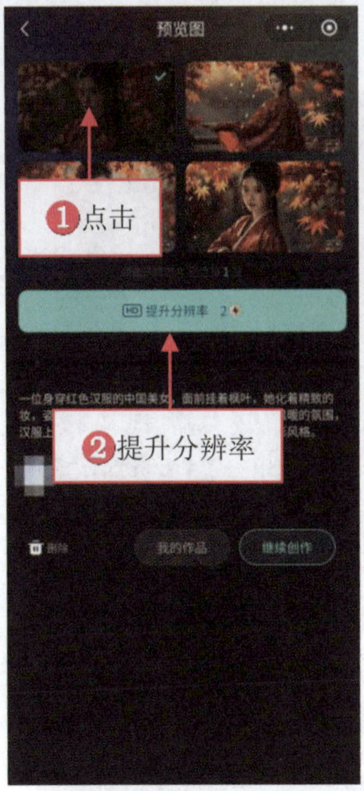

图 9-5　点击“提升分辨率”按钮

图 9-6　放大图片效果

9.1.2 婚纱照片

婚纱照片

【效果展示】婚纱照片是指人物穿着婚纱礼服的照片，在用 AI 生成这类照片时，可以添加婚纱、新娘、鲜花、教堂等提示词，以创造出唯美、永恒的氛围感，效果展示如图 9-7 所示。

图 9-7 效果展示

下面介绍使用即梦 AI App 生成婚纱照片的操作方法。

Step 01 打开即梦 AI App，进入“想象”界面，点击下方输入框，如图 9-8 所示。

Step 02 ❶输入相应的提示词，然后点击⚙按钮；❷在弹出的面板中设置“选择比例”为 3：4，如图 9-9 所示。

图 9-8 点击输入框

图 9-9 设置相应比例

Step 03　点击✦按钮，即可生成 4 张相应的图片效果，如图 9-10 所示。

Step 04　点击其中的一张预览图，然后点击HD按钮，如图 9-11 所示，即可在该图片的基础上进行更加精细的刻画，并放大图片效果。

图 9-10　生成图片效果

图 9-11　点击相应按钮

9.2　生成 AI 动物摄影作品

在广阔的大自然中，动物们以独特的姿态展示着它们的魅力。动物摄影捕捉到了这些瞬间，让人们能够近距离地感受到自然生命的奇妙。本节主要介绍通过 AI 模型生成动物摄影作品的方法和案例，让读者感受到“动物王国”的精彩瞬间。

9.2.1　宠物摄影

宠物摄影

【效果展示】宠物是人类驯养和喜爱的动物伴侣，种类繁多、外貌各异。有些宠物具有可爱的外表，如小型犬、猫咪、兔子、仓鼠等；而还有些宠物可能具有独特的外貌，如蜥蜴、鹦鹉等。

图 9-12 为一张 AI 生成的小狗照片，在提示词中描述了小狗的颜色、服装、表情和性格特征，同时对于背景环境进行了说明，并采用浅景深的效果，有效突出画面主体，给人一种温暖和舒适的视觉感受。

▶ 专家指点

宠物摄影是专注于捕捉宠物日常生活瞬间、特性与情感，通过专业技巧与艺术构思记录宠物形象，为宠物及其主人留下珍贵回忆的摄影门类。通过捕捉宠物的自然神态、生活瞬间或特定造型，记录宠物与主人间的温馨互动，以及展现宠物独特个性和魅力的专业或日常摄影活动。

图 9-12　效果展示

下面介绍使用豆包 App 生成宠物摄影照片的操作方法。

Step 01 打开豆包 App，进入主界面，点击下方的“图片生成”按钮，如图 9-13 所示。

Step 02 弹出相应的输入框，在其中输入相应的提示词，如图 9-14 所示。

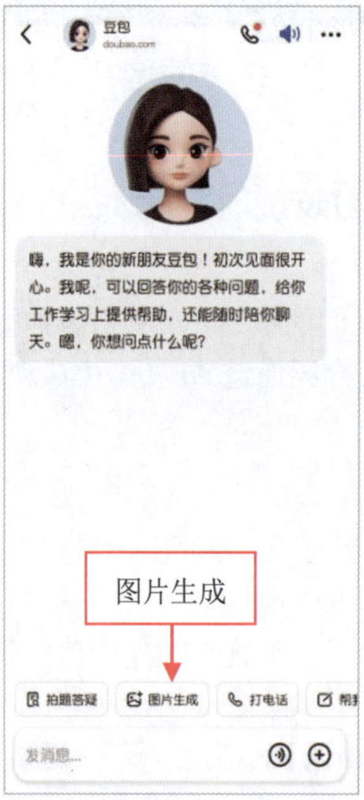

图 9-13　点击“图片生成”按钮

图 9-14　输入相应提示词

Step 03 点击“比例”右侧的下拉按钮，在弹出的列表框中选择 16：9 选项，如图 9-15 所示，设置图片的生成比例。

Step 04 点击↑按钮，稍等片刻，即可生成图片效果，如图 9-16 所示。

图 9-15　选择 16：9 选项

图 9-16　生成图片效果

9.2.2　昆虫摄影

昆虫摄影

【效果展示】昆虫是一类无脊椎动物，种类繁多、形态各异，包括蝴蝶、蜜蜂、甲虫、蚂蚁等。昆虫通常具有独特的身体形状、多彩的体色，以及各种触角、翅膀等特征，这使得昆虫成为了生物界中的艺术品。图 9-17 为一张 AI 生成的蝴蝶照片，由于蝴蝶的颜色通常都非常丰富，因此在提示词中加入了大量的色彩描述词，呈现出令人惊叹的视觉效果。

图 9-17　效果展示

下面介绍使用快影 App 生成昆虫摄影照片的操作方法。

Step 01　打开快影 App，进入“AI 作图”界面，如图 7-47 所示。

Step 02　❶设置“生成风格”为“写实立体”；❷输入相应的提示词，如图 7-48 所示。

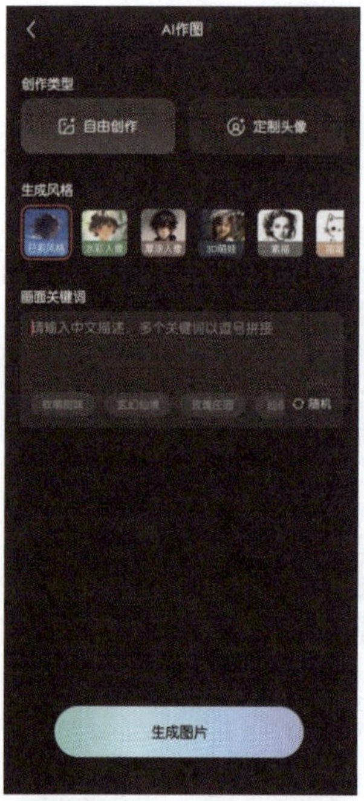

图 9-18　进入“AI 作图”界面

图 9-19　输入相应的提示词

Step 03 点击“生成图片”按钮，即可生成相应的图片效果，点击界面右上角的“调整”按钮，如图 9-20 所示。

Step 04 弹出“调整”面板，❶设置“画幅比例”为 16∶9；❷点击“再次生成”按钮，如图 9-21 所示，重新生成图片效果。

Step 05 执行操作后，即可重新生成 4 张 16∶9 的图片效果，如图 9-22 所示。

图 9-20　点击“调整”按钮

图 9-21　点击“再次生成”按钮

图 9-22　重新生成图片效果

9.2.3　鸟类摄影

鸟类摄影

【效果展示】鸟类摄影是指以飞鸟为主要拍摄对象的摄影方式，旨在展现鸟类的美丽外形和自由飞翔的姿态，效果展示如图 9-23 所示。

图 9-23　效果展示

下面介绍使用文心一格小程序生成鸟类摄影照片的操作方法。

Step 01　打开文心一格小程序，进入“AI 创作”界面，如图 9-24 所示。

Step 02　❶在对话框中输入相应的提示词；❷设置“横图”尺寸；❸点击“立即生成”按钮，如图 9-25 所示。

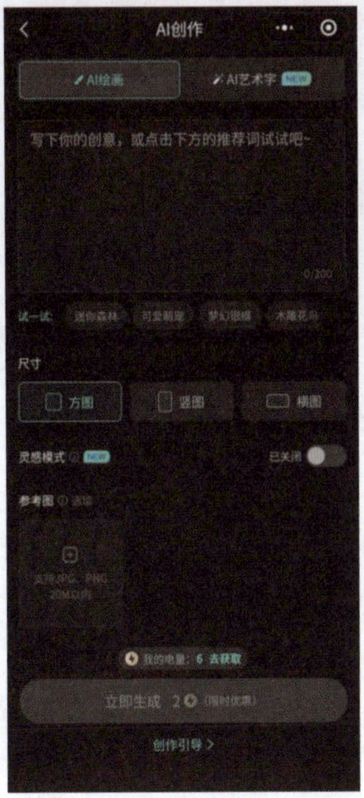

图 9-24　进入“AI 创作”界面

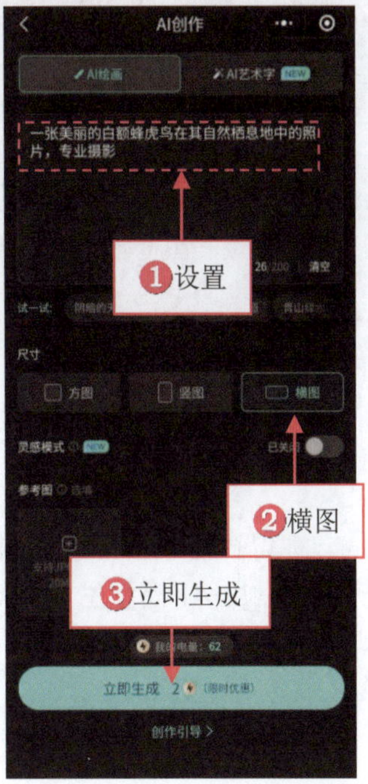

图 9-25　点击“立即生成”按钮

Step 03　执行操作后，稍等片刻后，即可生成 4 张相应的图片效果，如图 9-26 所示。

Step04 ❶在生成的 4 张图片中选择一张进行放大；❷点击“提升分辨率”按钮，如图 9-27 所示。

Step05 执行操作后，即可放大图片效果，如图 9-28 所示。

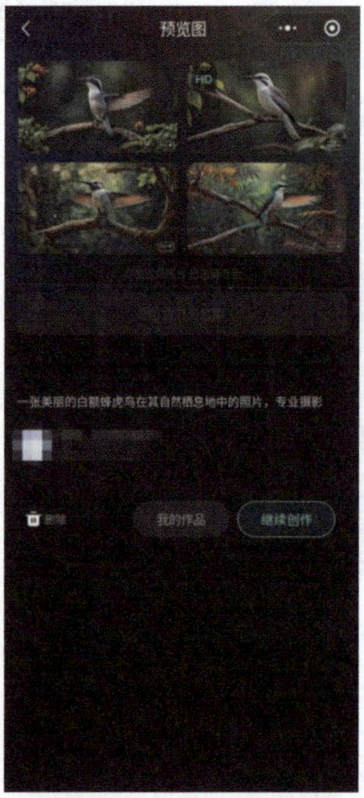

图 9-26　生成图片效果

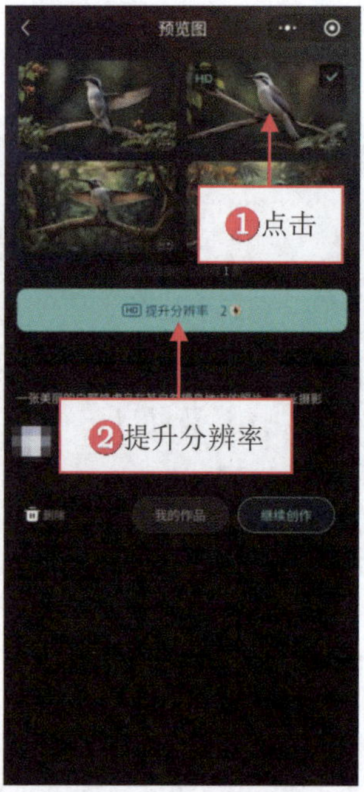

图 9-27　点击“提升分辨率”按钮

图 9-28　放大图片效果

▶ 专家指点

通过 AI 模型生成鸟类照片时，提示词的相关要点如下。

（1）场景：通常设置在风景优美的树林、湖泊或者自然保护区等生态环境中，常见的鸟类有鹦鹉、翠鸟、雀鸟、孔雀等，通过鸟儿与周围环境的精准交互创造出奇妙的画面感。

（2）方法：用主体描述提示词展现鸟类的真实外貌和生动性格，呈现出不同的色彩、造型和姿态等多种效果，并营造出鸟群飞翔和栖息的自然状态，同时运用光线类提示词使画面更加有美感。

9.3　生成 AI 风光摄影作品

风光摄影是一种旨在捕捉自然美的摄影艺术，在进行 AI 摄影绘画时，用户需要通过构图、光影、色彩等提示词，用 AI 模型生成自然景色照片，展现出大自然的魅力和神奇之处，将想象中的风景变成风光摄影大片。

9.3.1　城市风光摄影

城市风光摄影

【效果展示】城市风光摄影是一种专门捕捉城市环境和建筑特色的摄影类型，不仅展现了城市天际线、标志性建筑和历史遗迹，还涵盖了城市生活的各个方面，如街道、公园、市场、交通以及城市居民的日常生活场景，效果展示如图 9-29 所示。

图 9-29　效果展示

> **▶ 专家指点**
>
> 通过 AI 模型生成建筑风光照片时，提示词的相关要点如下。
>
> （1）场景：需要选择精致而重要的建筑物或者建筑群，如高楼、古城、教堂、桥梁等，通常大多数建筑物在黄昏和清晨最为漂亮。
>
> （2）方法：提示词需要准确地描述出建筑物的线条、颜色、材质质感，以及周围环境的对比度和反差。

下面介绍使用即梦 AI App 生成城市风光摄影照片的操作方法。

Step 01 打开即梦 AI App，进入“想象”界面，点击下方输入框，如图 9-30 所示。

Step 02 ❶输入相应的提示词，然后点击按钮；❷在弹出的面板中设置“选择比例”为 16：9，如图 9-31 所示。

图 9-30　点击输入框

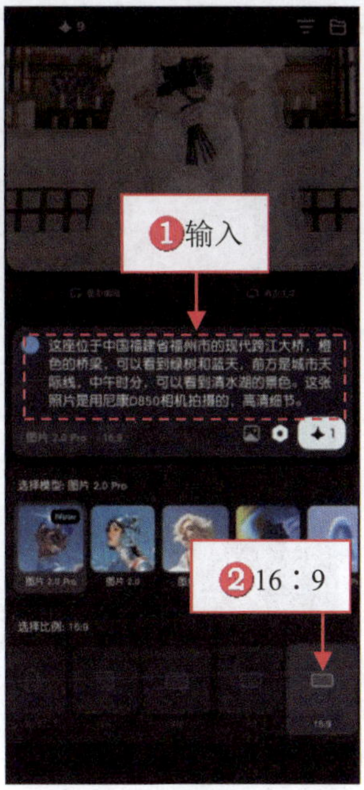

图 9-31　设置相应比例

Step 03 点击按钮，即可生成 4 张相应的图片效果，如图 9-32 所示。

Step 04　点击其中的一张预览图，然后点击HD按钮，如图 9-33 所示，即可在该图片的基础上进行更加精细的刻画，并放大图片效果。

图 9-32　生成图片效果

图 9-33　点击相应按钮

9.3.2　森林风光摄影

森林风光摄影

【效果展示】森林风光是一种以山地自然景观为主题的摄影艺术形式，通过表达大自然之美和壮观之景，传达出人们对自然的敬畏和欣赏的态度，同时也能够给观众带来喜悦与震撼的感觉，效果展示如图 9-34 所示。

图 9-34　效果展示

下面介绍使用豆包 App 生成森林风光摄影照片的操作方法。

Step 01　打开豆包 App，进入首页，点击下方的“图片生成”按钮，如图 9-35 所示。

Step 02　弹出相应的输入框，在其中输入相应的提示词，如图 9-36 所示。

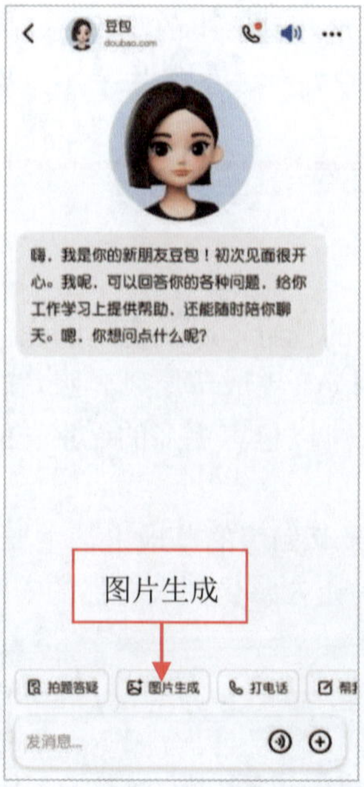

图 9-35　点击“图片生成”按钮

图 9-36　输入相应提示词

Step 03 点击“比例”右侧的下拉按钮，在弹出的列表框中选择 16：9 选项，如图 9-37 所示，设置图片的生成比例。

Step 04 点击 按钮，稍等片刻，即可生成图片效果，如图 9-38 所示。

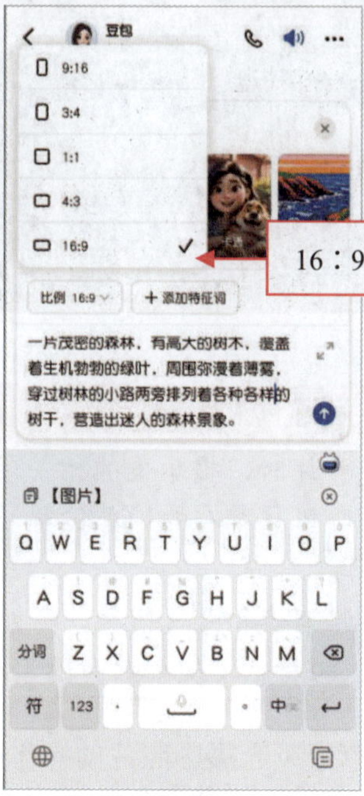

图 9-37　选择 16：9 选项

图 9-38　生成图片效果

▶ 专家指点

森林风光摄影追求表达出大自然美丽、宏伟的景象，展现出山地自然景观的雄奇壮丽。通过 AI 模型生成森林风光照片时，提示词的相关要点如下。

（1）场景：通常包括高山、峡谷、山林、瀑布、湖泊、日出日落等，通过将山脉、天空、水流、云层等元素结合在一起，营造出高山秀丽或柔和舒缓的自然环境。

（2）方法：在提示词中强调色彩的明度、清晰度和画面上的层次感，同时可以采用不同的天气和时间来达到特定的场景效果。在构图上采取对称、平衡等手法，展现场景的宏伟与细节。

9.3.3 草原风光摄影

草原风光摄影

【效果展示】一望无际的大草原，拥有非常开阔的视野，以及宽广的空间和辽阔的气势，因此成为人们热衷的摄影创作对象。用 AI 生成草原风光照片时，通常采用横画幅的构图形式，具有更加宽广的视野，可以包容更多的元素，能够很好地展现出草原的辽阔特色。

图 9-39 为 AI 生成的大草原照片效果，在一片绿草如茵的草地上，主要的色调是天蓝色和绿色，整个场景呈现出一种宁静而壮丽的自然景观，让人感受到大自然的美丽和生机勃勃。

图 9-39 效果展示

▶ 专家指点

通过 AI 模型生成草原风光照片时，提示词的相关要点如下。

（1）场景：在提示词中指明草原所在的地理位置，如国家、地区，以及对环境的描述，例如草原的大小、形状、地形等。

（2）方法：在提示词中强调季节和天气情况，例如夏天、秋天或冬天，晴朗的天气、阴天或多云等；还要强调草原风光的特色，例如绿色的草地、清澈的湖水、蓝天白云等。

下面介绍使用可灵 AI 生成草原风光摄影照片的操作方法。

Step 01 打开快影 App，进入“AI 作图”界面，如图 9-40 所示。

Step 02 ❶设置“生成风格”为“写实立体”；❷输入相应的提示词，如图 9-41 所示。

Step 03 点击“生成图片”按钮，即可生成相应的图片效果，点击界面右上角的“调整”按钮，如图 9-42 所示。

Step 04 弹出“调整”面板，❶设置“画幅比例”为 16∶9；❷点击“再次生成”按钮，如图 9-43 所示，重新生成图片效果。

Step 05 执行操作后，即可重新生成 4 张 16∶9 的图片效果，如图 9-44 所示。

图 9-40　进入“AI 作图”界面

图 9-41　输入相应的提示词

图 9-42　点击“调整”按钮

图 9-43　点击“再次生成”按钮

图 9-44　重新生成图片效果

本章小结

本章主要介绍 AI 摄影的实战案例。首先介绍了 AI 人像摄影的案例，包括古风人像和婚纱照片；其次介绍了 AI 动物摄影的案例，包括宠物摄影、昆虫摄影及鸟类摄影；最后介绍了 AI 风光摄影的案例，包括城市风光摄影、森林风光摄影及草原风光摄影。通过本章的学习，读者能掌握 AI 摄影的各种创作技巧。

课后实训

课后实训

鉴于本章知识的重要性，为了更好地掌握所学知识，将通过课后实训帮助读者进行简单的知识回顾和补充。

问题：使用即梦 AI App 生成一张风光摄影照片，效果如图 9-45 所示。

图 9-45　效果展示

回答：下面介绍使用即梦 AI App 生成风光摄影照片的操作方法。

Step 01　打开即梦 AI App，在下方输入框中输入相应提示词，如图 9-46 所示。

Step 02　点击按钮，在弹出的面板中设置“选择比例”为 16：9，如图 9-47 所示。

Step 03　点击按钮，即可生成 4 张相应的图片效果，如图 9-48 所示。

图 9-46　输入相应的提示词

图 9-47　设置“选择比例”为 16：9

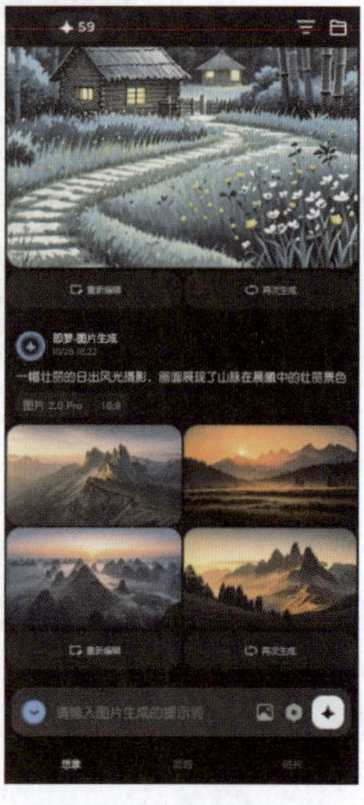

图 9-48　点击相应按钮

【AI 短视频篇】

第 10 章
AI 短视频的生成技术

10

AI 短视频生成技术不仅为短视频创作带来了革命性的变革，还极大地丰富了用户的观看体验。本章主要讲述如何实现从创意构思到成品输出的神奇过程。

本章重点

- 了解 AI 短视频的基础知识
- 掌握如何运用 AI 处理视频素材的功能
- 掌握如何运用 AI 美化视频素材的功能
- 掌握如何运用 AI 进行图片生视频操作

素质目标

- 培养读者系统运用与流程整合的能力
- 培养读者基于 AI 特性的创意工程化思维与体验设计能力

10.1　AI 短视频的基础知识

在数字时代的浪潮下，短视频以其独特的魅力迅速崛起，成为信息传播的重要载体。如何又快又好地创作出短视频内容呢？最简单的方法之一就是运用 AI 来进行生成。本节将讲述 AI 短视频的基础知识，帮助读者初步认识 AI 短视频。

10.1.1　AI 短视频的概念

AI 短视频是指利用人工智能技术来制作和生成短视频内容的过程。这种技术通过深度学习、计算机视觉等手段，对文本、图像、视频等多模态数据进行分析和处理，从而自动生成符合描述的视频效果。具体来说，AI 短视频可以分为几个主要方面。

（1）自动化短视频制作：这类工具能够自动完成短视频的剪辑、音效添加和特效处理等工作，具备强大的文本理解和图像生成能力，可以从文本描述中生成相应的视频内容，效果如图 10-1 所示。

图 10-1　智能匹配素材生成视频效果

（2）视频智能分析：AI 技术在视频智能分析中的应用包括对视频内容的自动解析、识别和理解，如人脸检测、物体识别、行为分析等。这些功能帮助用户更高效地处理和管理视频内容。

（3）批量剪辑系统：一些基于 AI 的短视频批量剪辑系统可以显著提高剪辑效率。这些系统通常先确定主题，根据主题编辑文案，然后将拍摄后的视频导入系统进行批量剪辑，并最终添加字幕。

（4）虚拟形象与互动场景：AI 技术还可以用于生成虚拟人物或创建互动场景。例如，某平台实现了虚拟二次元网红的直播互动，展示了 AI 在视频编辑和自主生成方面的应用。

（5）内容生产与传播：AI 短视频不仅限于内容创作，还涉及内容的传播和推广。通过 AI 技术，可以实现从普通图文内容到视频的快速批量转换，大幅节省传播成本，并提升视频的时效性和说服力。

10.1.2　AI 短视频的发展背景

近年来，深度学习、计算机视觉、自然语言处理等 AI 技术取得了显著进步。这些技术为

AI 短视频的制作提供了强大的技术支持，各种不同 AI 模型的出现，标志着 AI 技术在内容创作领域的快速升级。这些技术为 AI 短视频的创意生产和开发阶段提供了智能化建议，优化了短视频文本和图像内容。AI 短视频的发展背景可以从多个方面进行详细分析，包括技术进步、市场需求及行业趋势等。

（1）从技术进步的角度来看，人工智能技术的快速发展为短视频创作提供了强大的支持。AI 大模型推动了短视频行业的变革，使得新人更容易进入视频创作领域。例如，AI 技术可以自动识别视频素材中的人物、场景、物体等要素，并根据需求进行智能分割、分类和标注，这大大提高了编辑效率，相关案例效果如图 10-2 所示。此外，AI 技术还能够实现从文字创作到媒资库智能匹配，再到短视频自动生成，最后到多平台一键分发的全流程 AI 化。

图 10-2　智能匹配素材生成视频效果

（2）从市场需求的角度来看，短视频用户规模迅速增长。根据中国互联网络信息中心统计，截止到 2024 年，国内短视频用户已突破 10 亿人，这种庞大的用户基础为 AI 短视频的发展提供了广阔的市场空间。

（3）从行业趋势的角度来看，AI 短视频正在成为一种新的创业机会和竞争焦点。许多公司都在积极开发和应用 AI 技术来提升短视频的创作质量和传播效率。这些创新不仅降低了视频制作的成本，还提高了创作的效率和质量。

此外，AI 短视频的应用领域也在不断扩展，包括电影制作、广告、新闻报道、社交媒体等多个领域。AI 技术在视频内容智能生成、自动标注、内容分析、剪辑编辑等方面的应用，进一步推动了短视频行业的发展。

总之，AI 短视频的发展背景是多方面的，既有技术进步带来的巨大潜力，也有市场需求的强劲驱动，还有行业趋势的不断演变。这些因素共同作用，推动了 AI 短视频行业的快速发展和广泛应用。

10.1.3　AI 短视频的技术原理

AI 短视频的技术原理主要依赖于计算机视觉、深度学习、自然语言处理及大数据分析等先进技术。这些技术综合应用，使得 AI 能够自动完成短视频的生成、编辑和优化等各个环节。以下是 AI 短视频技术原理的详细解析。

（1）视频生成：AI 通过深度学习和自然语言处理技术，能够理解并分析给定的文本内容，如故事脚本或小说推文等，然后根据内容特点生成相应的视频素材，以满足不同观众的需求。

利用计算机视觉技术，AI 能够识别图像中的对象、场景和动作，并基于这些信息进行视频合成。例如，剪映等平台上的 AI 技术可以通过智能分析图像，自动识别出图像中的元素，并实时添加特效、滤镜等，从而生成最终的短视频作品，效果如图 10-3 所示。

图 10-3　通过剪映 AI 技术生成的视频效果

（2）视频编辑：AI 可以根据用户设定的要求或视频内容的情感色彩，自动选择最佳的剪辑方式，这包括抽取关键帧、剪辑视频片段、调整视频速度、镜头切换以及添加转场效果等。传统上需要专业知识和技能的视频剪辑工作，现在可以通过 AI 技术快速完成。AI 能够自动识别视频中的对象、场景和动作，并实时添加相应的特效。这些特效包括动态贴纸、滤镜、动画等，能够提升视频的观赏性和趣味性。

（3）视频优化：通过深度神经网络技术，AI 可以对短视频的画质进行优化。这包括去除噪点、减少抖动、调整曝光等，使得视频画面更加清晰、稳定。AI 还可以根据摄像机的测试数据和视频内容的实际情况，自动调整视频的颜色设置，确保每个场景的颜色都准确无误。

综上所述，AI 短视频的技术原理是一个复杂而综合的过程，涉及多个领域的先进技术。这些技术的综合应用使得 AI 能够自动完成短视频的生成、编辑和优化等各个环节，为短视频创作者和观众带来更加便捷和丰富的体验。

10.1.4　AI 短视频的应用领域

AI 短视频作为新兴的技术方向，应用领域广泛且多样，为多个行业带来了创新和变革。以下是 AI 短视频的主要应用领域概述。

（1）内容创作与编辑：AI 短视频技术可以自动分析和剪辑用户提供的素材，如图片、音频等，快速生成高质量的短视频内容。通过机器学习算法，AI 能够智能选择合适的音乐、滤镜和特效，实现高效的视频创作和编辑，相关的案例效果如图 10-4 所示。AI 还能协助用户进行创意剪辑，如自动生成精彩瞬间集锦、匹配合适的背景音乐、添加过渡特效等，提升视频内容的吸引力和观赏性。

（2）内容分析与推荐：AI 通过深度学习和自然语言处理技术对视频内容进行理解和标注，识别视频的主题、情感色彩、人物、物体等要素，为后续的推荐和分发提供基础。基于用户的行为数据、兴趣偏好以及实时互动信息，AI 可以构建智能推荐系统，实现个性化内容推送，提高用户粘性和活跃度。

图 10-4 AI 自动添加滤镜和特效的视频效果

（3）营销与广告：AI 能够精准定位目标受众，智能化投放广告，通过预测模型优化广告的点击率和转化效果，提升营销效果。AI 还可以根据提示词或剧本概念生成短视频故事线或剧本摘要，为营销创作者提供灵感和创意支持。

（4）教育与培训：AI 短视频技术可以将复杂的知识点以生动、直观的方式呈现，帮助学生更好地理解和掌握知识。通过模拟和演示，AI 短视频可以辅助技能培训，提高学习者的技能水平和操作能力。

（5）娱乐与社交：AI 可以生成各种娱乐性质的短视频内容，如动画、游戏解说、音乐 MV（Music Video，音乐视频）等，丰富用户的娱乐生活。结合增强现实技术，AI 短视频可以实现与用户的实时互动，提升用户的参与感和体验度。

（6）视频安全与版权保护：AI 可以自动化筛查违规内容，提升平台的内容安全管理效率。AI 视频模型还可以用于检测视频中的版权侵权行为，快速比对海量数据库，确保内容合法性。

综上所述，AI 短视频在内容创作与编辑、内容分析与推荐、营销与广告、教育与培训、娱乐与社交、视频安全与版权保护等多个领域都发挥着重要作用，为相关行业带来了创新和变革。随着人工智能技术的不断进步，AI 短视频的应用领域还将继续拓展和深化。

10.2 运用 AI 处理视频素材的功能

横版视频可以一键变竖屏，模糊的视频也可以一键变高清。借助 AI，用户可以大大提升视频素材的处理速度。本节将以剪映 App 为例，介绍 3 个运用 AI 处理视频素材的功能，包括“智能裁剪”“超清画质”“智能防抖”等。

10.2.1 智能裁剪功能

智能裁剪功能

【效果对比】在剪映 App 中，用户可以运用“智能裁剪”功能将横版的视频转换为竖版的视频，这样视频就更适合在手机中播放和观看，还能裁去多余的画面，素材与效果对比如图 10-5 所示。

图 10-5　素材与效果对比

下面介绍在剪映 App 中运用“智能裁剪”功能调整视频比例的具体操作方法。

Step 01　打开剪映 App，进入“剪辑”界面，点击“开始创作”按钮，如图 10-6 所示。

Step 02　进入“照片视频”界面，❶在“视频”选项卡中选择视频素材；❷选中“高清”复选框；❸点击“添加”按钮，如图 10-7 所示，进入视频编辑界面，并将素材导入视频轨道。

Step 03　❶选择素材；❷在下方的工具栏中点击“智能裁剪”按钮，如图 10-8 所示。

图 10-6　点击“开始创作”按钮

图 10-7　点击“添加”按钮

图 10-8　点击“智能裁剪”按钮

Step 04 弹出“智能裁剪”面板，选择 3：4 选项，如图 10-9 所示，即可开始裁剪画面，裁剪完成后，点击✓按钮，确认裁剪。

Step 05 由于裁剪后的视频比例与原比例不同，因此素材画面的周围出现了黑边，在工具栏中点击“比例”按钮，❶在弹出的“比例”面板中选择 3：4 选项；❷点击✓按钮，如图 10-10 所示，即可更改视频画布尺寸，去除黑边，完成素材的处理。

图 10-9　选择 3：4 选项

图 10-10　点击相应按钮

▶ 专家指点

需要注意的是，目前“智能裁剪”功能为会员功能，用户需要购买会员资格才能使用。另外，像“超清画质”“智能调色”等功能都需要会员资格才能使用。

10.2.2　超清画质功能

超清画质功能

【效果对比】如果视频画面不够清晰，用户可以使用剪映中的“超清画质”功能，对视频进行修复，让画面变得更加清晰，素材与效果对比如图 10-11 所示。

图 10-11　素材与效果对比

下面介绍在剪映 App 中运用"超清画质"功能让视频变清晰的具体操作方法。

Step 01 将素材添加到视频轨道中，选择素材，在下方工具栏中点击"调节"按钮，如图 10-12 所示，进入"调节"选项卡。

Step 02 ❶切换至"画质提升"选项卡；❷选择"超清画质"选项；❸设置画质为"高清"，如图 10-13 所示，对素材的画质进行提升，提升完成后，点击✓按钮确认。

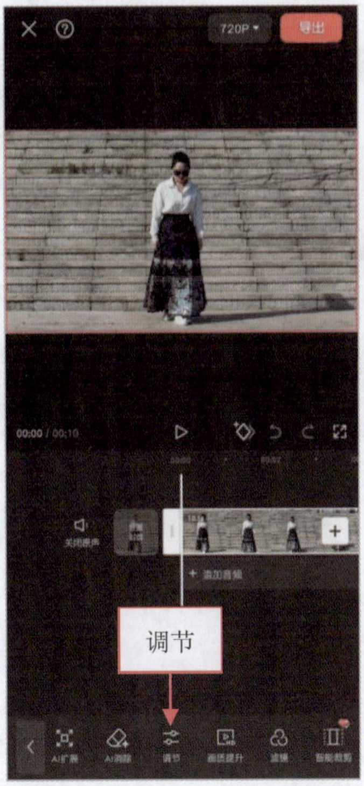

图 10-12　点击"调节"按钮

图 10-13　设置画质为"高清"

10.2.3　智能防抖功能

智能防抖功能

【效果对比】在拍摄视频的过程中，难免会出现画面抖动的情况。此时，用户可以运用"防抖"功能，一键让画面稳定，素材与效果对比如图 10-14 所示。

下面介绍在剪映 App 中运用"防抖"功能让视频画面变稳定的具体操作方法。

图 10-14　素材与效果对比

Step 01 将素材添加到视频轨道中，❶选择素材；❷在下方工具栏中点击“防抖”按钮，如图 10-15 所示，弹出“防抖”面板。

Step 02 设置防抖程度为“推荐”，如图 10-16 所示，对画面进行稳定处理，处理完成后，点击✓按钮确认即可。

图 10-15 点击“防抖”按钮

图 10-16 设置防抖程度为“推荐”

10.3 运用 AI 美化视频素材的功能

想让视频效果更美观，用户可以将人像抠出来，换个更好看的背景；也可以对视频进行变速和补帧处理；还可以运用 AI 对视频进行调色，提高调色效率和质量。本节将介绍运用 AI 美化视频素材的功能，帮助读者轻松掌握 AI 生成短视频。

10.3.1 智能抠像功能

智能抠像功能

【效果展示】使用“智能抠像”功能把人物抠出来，这样就可以给人物更换视频背景，让人物处于不同的场景中，效果展示如图 10-17 所示。

图 10-17 效果展示

下面介绍在剪映 App 中运用“智能抠像”功能为人物更换背景的具体操作方法。

Step 01 依次导入两段素材，①选择人像素材；②在下方工具栏中点击“切画中画”按钮，如图 10-18 所示，将其切换到画中画轨道中。

Step 02 ①调整人像素材的位置，将其时长调整与背景素材一致；②在下方工具栏中点击“抠像”按钮，如图 10-19 所示。

Step 03 进入抠像工具栏，点击“智能抠像”按钮，如图 10-20 所示，弹出“智能抠像”面板，将人物抠出来，点击✓按钮，即可完成人物背景的更换。

图 10-18　点击“切画中画”按钮

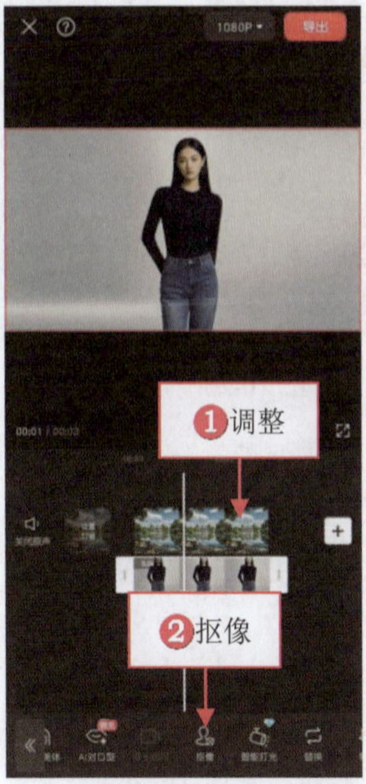

图 10-19　点击“抠像”按钮

图 10-20　点击“智能抠像”按钮

Step 04 为了让人物与背景更和谐，用户可以为人物设置动画效果，在下方工具栏中点击“动画”按钮，①在“入场动画”选项卡中选择“渐显”动画；②设置动画时长为 1.5 s，如图 10-21 所示，让人物慢慢显示出来。

Step 05 ①切换至“出场”选项卡；②选择“渐隐”动画，如图 10-22 所示，让人物慢慢消失，即可完成视频的制作。

图 10-21　设置动画时长

图 10-22　选择“渐隐”动画

10.3.2 智能补帧功能

智能补帧功能

【效果展示】用户可以对一些有运镜的视频素材进行变速处理，让运镜效果忽快忽慢，从而增加视频的动感。而在进行变速处理时，可以用“智能补帧”功能让慢速的画面变得更流畅，效果展示如图 10-23 所示。

图 10-23 效果展示

下面介绍在剪映 App 中运用“智能补帧”功能增加画面流畅度的具体操作方法。

Step 01 将素材添加到视频轨道中，选择素材，在下方的工具栏中点击“音频分离”按钮，如图 10-24 所示，先将视频的背景音乐分离出来。

Step 02 ❶选择视频素材；❷在下方的工具栏中依次点击“变速”按钮和“曲线变速”按钮，如图 10-25 所示。

Step 03 弹出“曲线变速”面板，选择“蒙太奇”选项，为素材添加蒙太奇变速效果，点击“蒙太奇”选项上的“点击编辑”按钮，如图 10-26 所示。

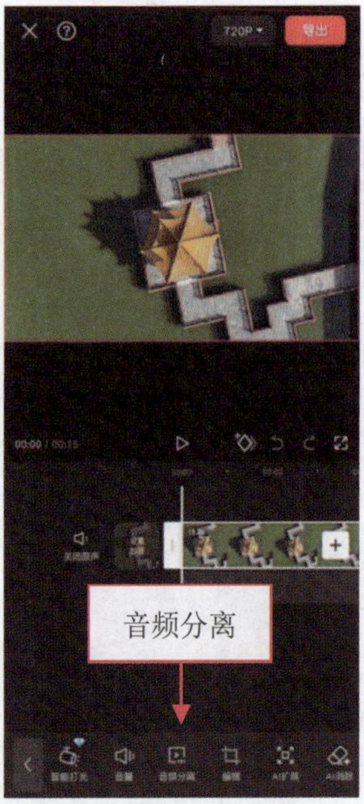

图 10-24 点击“音频分离”按钮

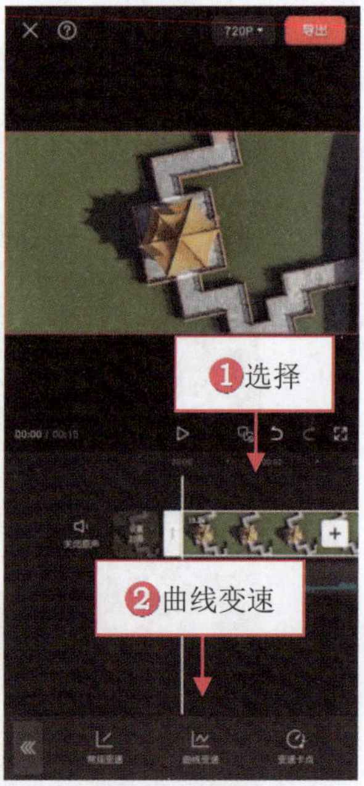

图 10-25 点击“曲线变速”按钮

图 10-26 点击“点击编辑”按钮

Step 04　弹出“蒙太奇”编辑面板，❶将第 3 个变速点拖曳至第 1 条线的位置上，增加第 3 个变速点的速度；❷选中“智能补帧”复选框，如图 10-27 所示，点击✓按钮，即可开始进行补帧。

Step 05　补帧结束后，调整背景音乐的时长，如图 10-28 所示，使其与视频时长保持一致，即可完成视频的制作。

图 10-27　选中“智能补帧”复选框

图 10-28　调整音乐的时长

10.3.3　智能调色功能

智能调色功能

【效果展示】如果视频画面过曝或者欠曝，色彩也不够鲜艳，就可以使用“智能调色”功能，为画面进行自动调色。用户还可以通过调整相应的调节参数，让视频画面更靓丽些，效果对比如图 10-29 所示。

图 10-29　效果对比

Step 01　将素材导入至视频轨道中，❶选择视频素材；❷在下方的工具栏中点击“调节”按钮，如图 10-30 所示。

Step 02　进入“调节”选项卡，选择“智能调色”选项，即可进行快速调色，优化视频画面，如图 10-31 所示。

Step 03 选择“饱和度”选项，设置其参数为 20，使画面中的色彩更浓郁，优化调色效果，如图 10-32 所示。

图 10-30 点击“调节”按钮

图 10-31 选择“智能调色”选项

图 10-32 设置“饱和度”参数为 20

10.4 运用 AI 进行图片生视频操作

从静态图像到动态视频的华丽蜕变，不仅仅是技术的简单堆砌，更是创意与美学的深度融合。本节以即梦 AI 为例，详细介绍图片生成视频的操作方法，通过实践与应用，帮助读者快速掌握 AI 功能。

10.4.1 单图快速实现图生视频

单图快速实现图生视频

【效果展示】用户可以上传任何图片至即梦 AI 中，AI 模型会根据图片的内容生成动态效果，生成的视频风格与原始图片一致，确保视觉上的连贯性，效果展示如图 10-33 所示。

图 10-33 效果展示

下面介绍上传图片生成视频效果的操作方法。

Step 01　进入“视频生成”页面，在“图片生视频”选项卡中，单击“上传图片”按钮，如图 10-34 所示。

Step 02　执行操作后，弹出“打开”对话框，❶在其中用户可根据需要选择相应的图片素材；❷单击“打开”按钮，如图 10-35 所示。

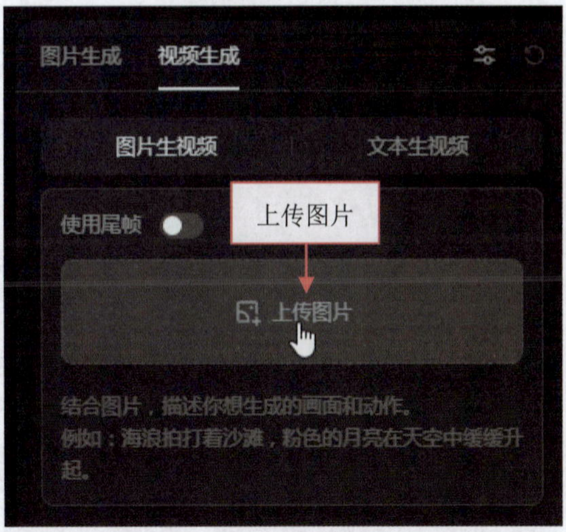

图 10-34　单击“上传图片”按钮

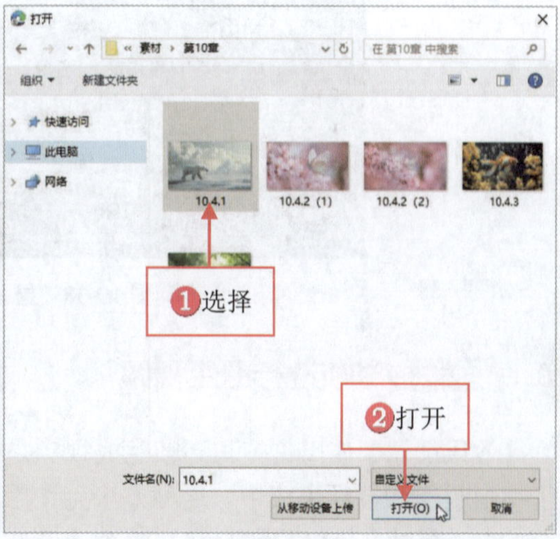

图 10-35　单击“打开”按钮

Step 03　执行操作后，即可将所选的图片素材上传至“视频生成”选项卡中，如图 10-36 所示。

Step 04　单击“运镜控制”下方的“随机运镜”按钮，在弹出的面板中，❶设置“推近”变焦，并设置“幅度”为“小”；❷单击“应用”按钮，如图 10-37 所示，设置视频的运镜方式。

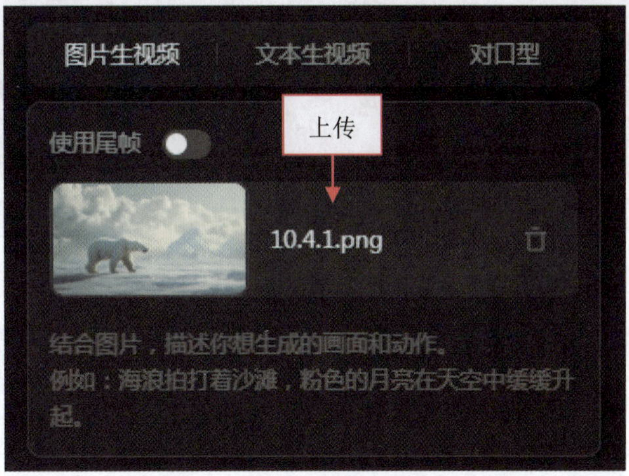

图 10-36　上传至“视频生成”页面中

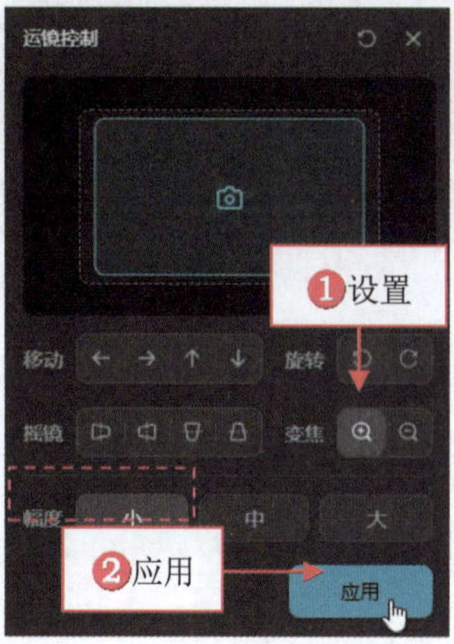

图 10-37　单击“应用”按钮

Step 05　单击“生成视频”按钮，AI 开始解析图片内容，并根据图片内容生成动态效果，页面右侧显示了视频生成进度，待视频生成完成后，显示视频的画面效果，如图 10-38 所示。

图 10-38　显示视频的画面效果

10.4.2　添加尾帧进行图生视频

添加尾帧进行图生视频

【效果展示】使用首帧与尾帧生成视频是一种基于关键帧的动画技术，通常用于动画制作和视频生成中。这种方法允许用户定义视频的起始状态（首帧）和结束状态（尾帧），然后 AI 会在这两个关键帧之间自动生成中间帧，从而创造出流畅的视频效果，如图 10-39 所示。

图 10-39　效果展示

下面介绍添加尾帧进行图生视频的操作方法。

Step 01 进入“视频生成”页面，在“图片生视频”选项卡中开启“使用尾帧”功能，如图 10-40 所示。

Step 02 单击“上传首帧图片”按钮，弹出“打开”对话框，❶在其中选择首帧图片素材；❷单击“打开”按钮，如图 10-41 所示。

Step 03 执行操作后，即可上传首帧图片素材，如图 10-42 所示。

Step 04 单击“上传尾帧图片”按钮，弹出“打开”对话框，❶在其中选择尾帧图片素材；❷单击“打开”按钮，如图 10-43 所示。

Step 05 执行操作后，即可上传尾帧图片素材，如图 10-44 所示。

Step 06 ❶设置“生成时长”为 6 s；❷单击“生成视频”按钮，如图 10-45 所示。

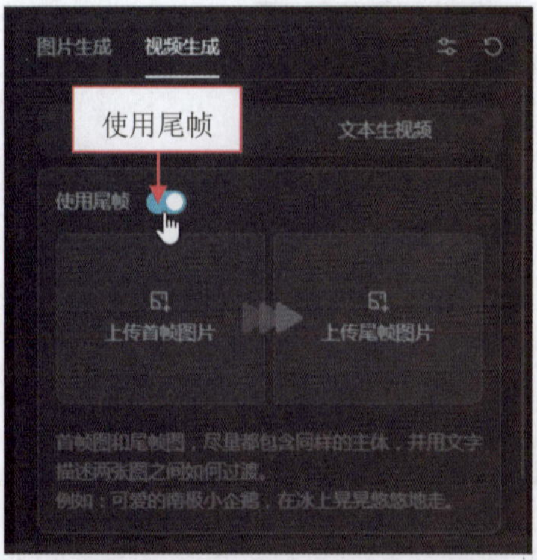

图 10-40　开启“使用尾帧”功能

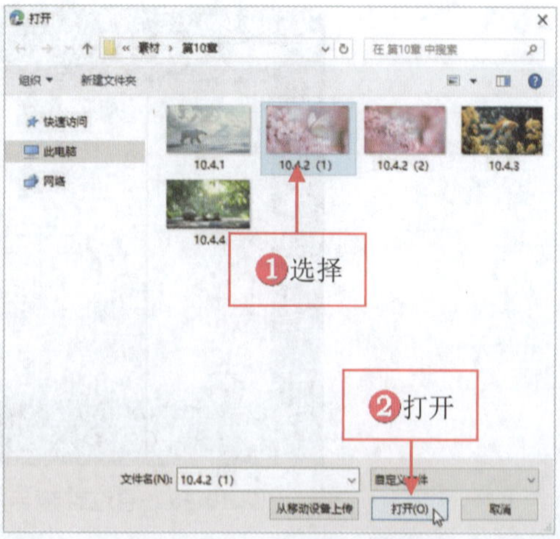

图 10-41　单击“打开”按钮（1）

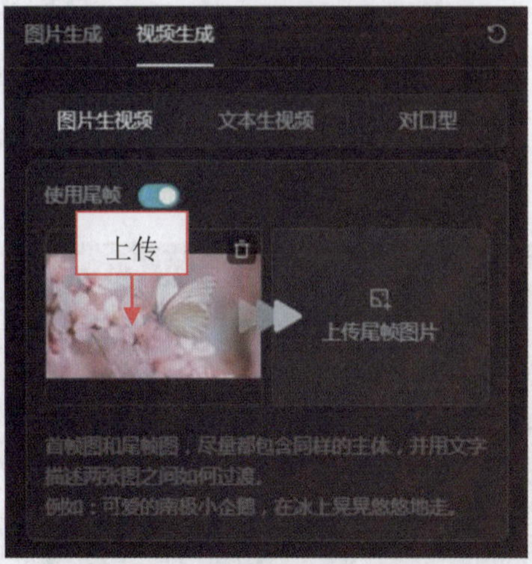

图 10-42　上传首帧图片素材

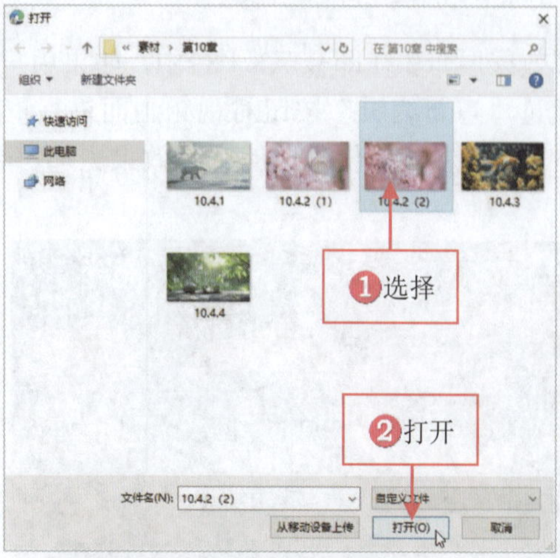

图 10-43　单击“打开”按钮（2）

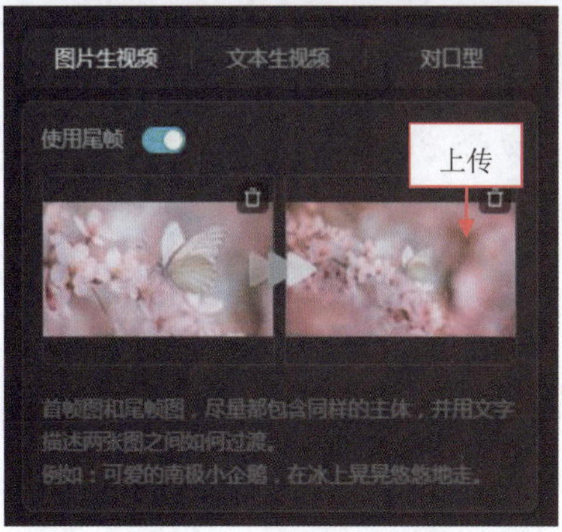

图 10-44　上传尾帧图片素材

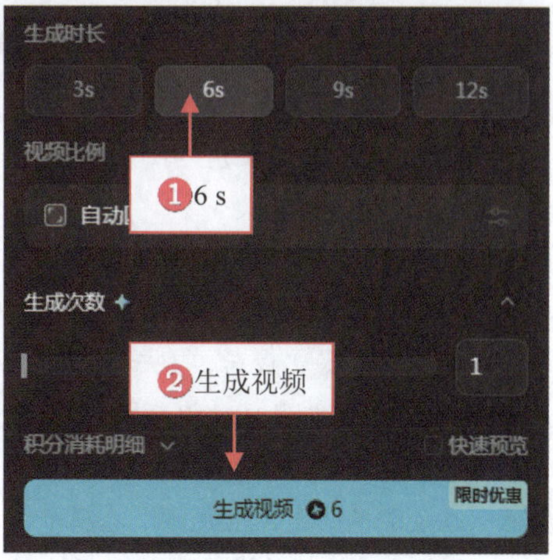

图 10-45　单击“生成视频”按钮

Step 07　执行操作后，稍等片刻即梦 AI 可通过首帧与尾帧生成相应的视频效果，如图 10-46 所示。

图 10-46　通过首帧与尾帧生成相应的视频效果

10.4.3　视频画面进行重新编辑

视频画面进行重新编辑

【效果展示】在即梦 AI 平台中，如果用户对生成的视频画面不满意，此时可以通过“重新编辑”按钮对视频画面进行重新编辑，修改提示词描述，或者重新设置运镜控制，使生成的视频效果更加符合用户要求，效果展示如图 10-47 所示。

图 10-47　效果展示

下面介绍对视频画面进行重新编辑的操作方法。

Step 01 进入“视频生成”页面，❶在“图片生视频”选项卡中上传一张图片素材；❷设置“运镜控制”为“变焦推近 · 小”，设置视频的运镜方式；❸单击“生成视频”按钮，如图 10-48 所示。

Step 02 执行操作后，AI 开始解析图片内容，并根据图片内容生成动态效果，页面右侧显示了视频生成进度，如图 10-49 所示。

Step 03 待视频生成完成后，显示视频的画面效果，将鼠标移至视频画面上，即可自动播放 AI 视频效果，如果用户对视频效果不满意，此时可以单击下方的“重新编辑”按钮，如图 10-50 所示。

Step 04 在左侧的“图片生视频”选项卡中，为图片素材输入相应的提示词内容，如图 10-51 所示，使生成的视频效果更加符合用户的要求。

Step 05 设置“运镜控制”为“变焦拉远 · 小”，使视频画面慢慢缩小，展示更多的背景和环境，如图 10-52 所示。

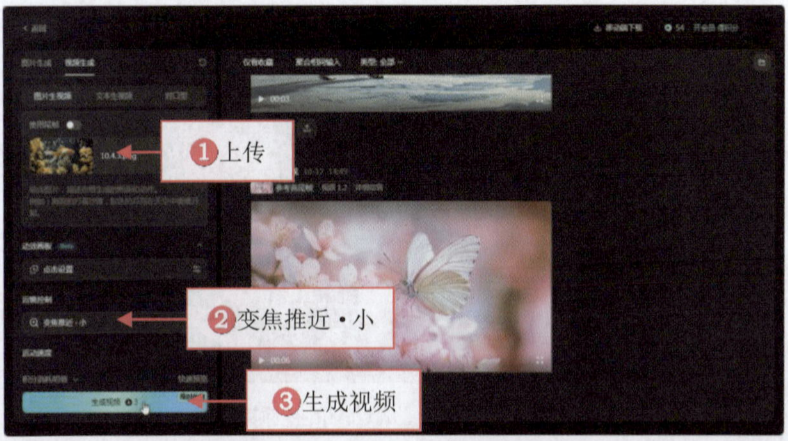

图 10-48　单击“生成视频”按钮

图 10-49　显示视频生成进度

图 10-50　单击“重新编辑”按钮

图 10-51　输入相应的提示词内容

图 10-52　设置“运镜控制”为“变焦拉远・小”

Step 06 单击“生成视频”按钮，此时 AI 开始解析图片内容与提示词描述，并根据图片与提示词内容重新生成动态的视频效果，如图 10-53 所示。

图 10-53　重新生成动态的视频效果

10.4.4　再次生成同类型的视频

再次生成同类型的视频

【效果展示】在即梦 AI 平台中，当用户通过图片生成相应的视频效果后，如果用户对视频效果不满意，此时可以通过“再次生成”按钮，再次生成相应的视频内容，该按钮可以快速让 AI 根据用户上一次上传的图片素材进行视频创作，效果展示如图 10-54 所示。

图 10-54　效果展示

下面介绍再次生成同类型视频的操作方法。

Step 01　进入“视频生成”页面，在“图片生视频”选项卡中，单击“上传图片”按钮，如图 10-55 所示。

Step 02　弹出“打开”对话框，在其中选择需要上传的图片素材，单击“打开”按钮，即可将图片素材上传至“视频生成”页面中，如图 10-56 所示。

Step 03　在上传的图片下方，输入相应的视频提示词，如图 10-57 所示，引导 AI 模型生成你想要的视频画面和动作。

Step 04　设置“运镜控制”为“变焦拉远 · 小”，如图 10-58 所示，使视频画面慢慢缩小。

Step 05　单击“生成视频”按钮，AI 开始解析图片内容与提示词描述，并根据图片内容生成动态效果，页面右侧显示了视频生成进度，待视频生成完成后，显示了视频的画面效果，将鼠标移至视频画面上，即可自动播放 AI 视频效果，如图 10-59 所示。

Step 06　如果用户对该视频效果不满意，只需在视频效果的下方单击按钮，如图 10-60 所示，即可让即梦 AI 重新生成视频效果。

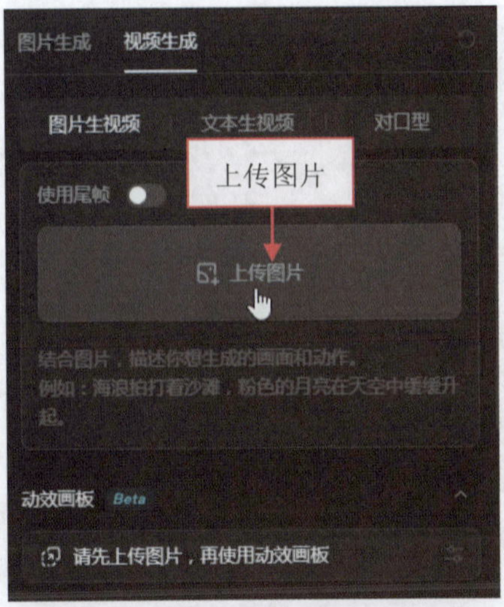

图 10-55　单击“上传图片”按钮

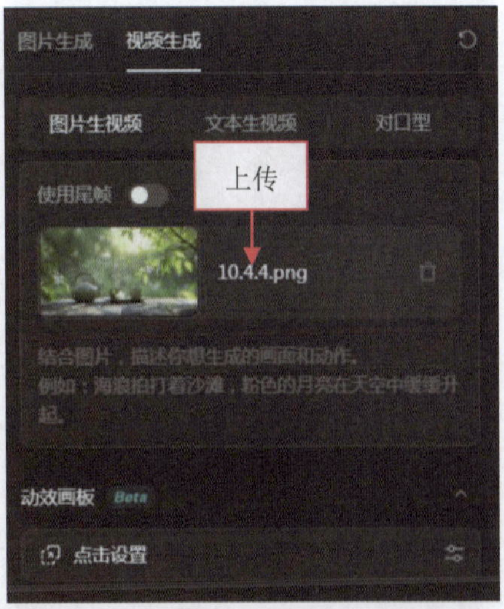

图 10-56　上传至“视频生成”页面中

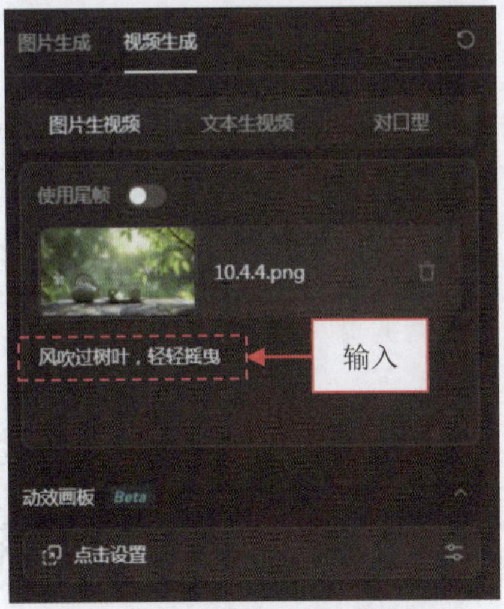

图 10-57　输入相应的视频提示词

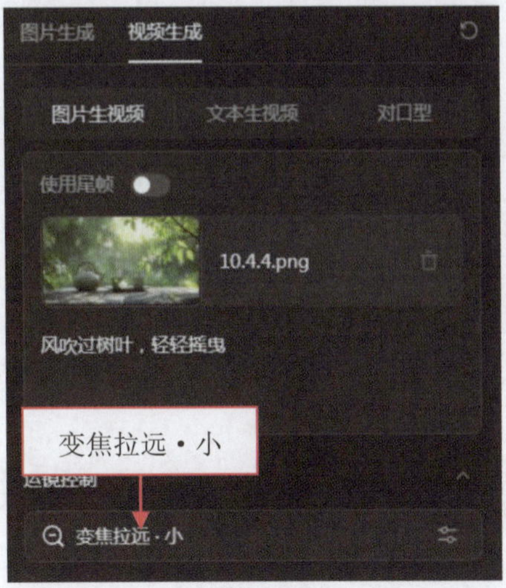

图 10-58　设置“运镜控制”为“变焦拉远 · 小”

图 10-59　自动播放 AI 视频效果

图 10-60　单击“再次生成”按钮

Step 07　执行操作后，即可再次生成相应的视频效果，完成视频的制作，如图 10-61 所示。

图 10-61　重新生成视频效果

本章小结

本章主要介绍了 AI 短视频的生成技术。首先介绍了 AI 短视频的基础知识，包括 AI 短视频的概念、发展背景、技术原理及应用领域；其次介绍了运用 AI 处理视频素材的功能，包括智能裁剪功能、超清画质功能及智能防抖功能；再次介绍了 AI 美化视频素材的功能，包括只能抠像功能、智能补帧功能以及智能调色功能；最后介绍了 AI 进行图片生视频操作，包括单图快速实现图生视频、添加尾帧进行图生视频、视频画面进行重新编辑及再次生成同类型的视频。通过本章的学习，读者能掌握运用 AI 处理各种视频的方法。

课后实训

课后实训

鉴于本章知识的重要性，为了更好地掌握所学知识，将通过课后实训帮助读者进行简单的知识回顾和补充。

问题：使用即梦 AI 中的文本生视频功能，生成一个唯美动态壁纸效果视频，效果如图 10-62 所示。

图 10-62　效果展示

回答：下面介绍使用即梦 AI 生成唯美动态壁纸效果视频的操作方法。

Step 01 进入即梦 AI 的“文本生视频”选项卡，输入相应的提示词，如图 10-63 所示。

Step 02 ❶设置“视频比例”为 16∶9；❷单击“生成视频”按钮，如图 10-64 所示。

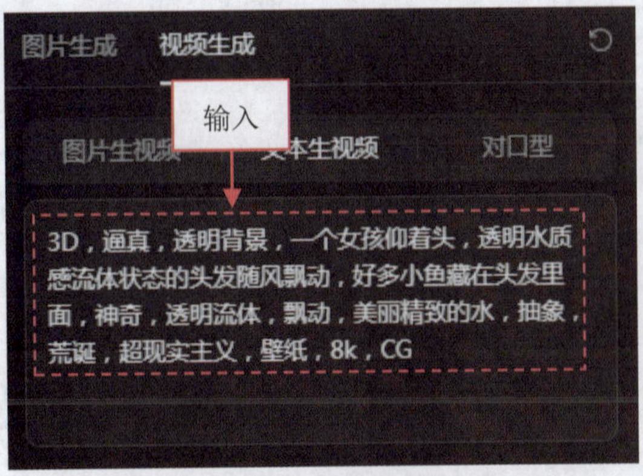

图 10-63 输入相应提示词

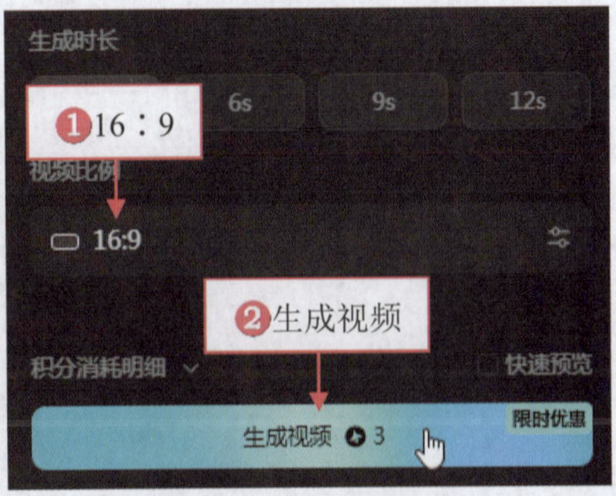

图 10-64 点击相应按钮

Step 03 执行操作后，即可生成相应的视频效果，如图 10-65 所示。

图 10-65 生成视频效果

第 11 章

AI 短视频的实战案例

11

在深入探讨了 AI 短视频技术的理论层面后，可以关注其在现实世界中的应用成果。本章将通过一系列精选案例，展示 AI 短视频技术如何在不同的场景中发挥其独特的作用。

本章重点

- 掌握使用可灵 AI 实现老照片变视频的方法
- 掌握使用即梦 AI 制作产品营销视频的方法
- 掌握使用剪映制作旅行感悟视频的方法
- 掌握使用腾讯智影制作动物摄影视频的方法

素质目标

- 提升读者对 AI 短视频在多场景的应用能力
- 提升读者使用即梦 AI 制作产品营销视频的创作能力

11.1　使用可灵 AI 实现老照片变视频

【效果展示】为了怀念逝去的青春和想念的人，很多人都保留了一些老照片。照片只有一个固定的画面，展示的内容比较有限。对此，用户可以用老照片制作视频，让画面动起来，效果展示如图 11-1 所示。

图 11-1　效果展示

11.1.1　生成视频效果

生成视频效果

制作老照片视频首先需要生成初步的视频效果，可以运用提示词内容来生成相应的视频效果，具体操作方法如下。

Step 01　打开快影 App，进入“AI 生视频”界面的“图生视频”选项卡，点击“添加图片”按钮，在弹出的“添加图片”面板中，选择“相册图片”选项，进入“相册”界面，在该界面中选择要上传的图片素材，如图 11-2 所示。

Step 02　返回“AI 生视频”界面，如果界面中显示刚刚选择的图片素材，就说明该图片素材上传成功，如图 11-3 所示。

Step 03　在“图文描述”板块的输入框中输入相关的提示词内容，如图 11-4 所示，对视频的内容进行描述。

Step 04　❶设置“视频质量”为“高质量”；❷点击“生成视频”按钮，如图 11-5 所示，进行视频的生成。

Step 05　执行操作后，即可进入“处理记录”界面，并生成一条视频，点击该视频封面右侧的“预览”按钮，如图 11-6 所示，进行界面的切换。

Step 06　进入对应视频的预览界面，如果用户对视频比较满意，可以点击“去剪辑”按钮，如图 11-7 所示，对视频进行剪辑处理。

图 11-2　选择要上传的图片素材

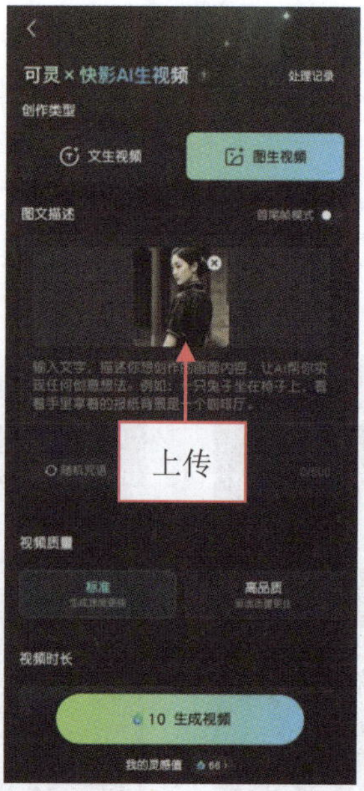

图 11-3　图片素材上传成功

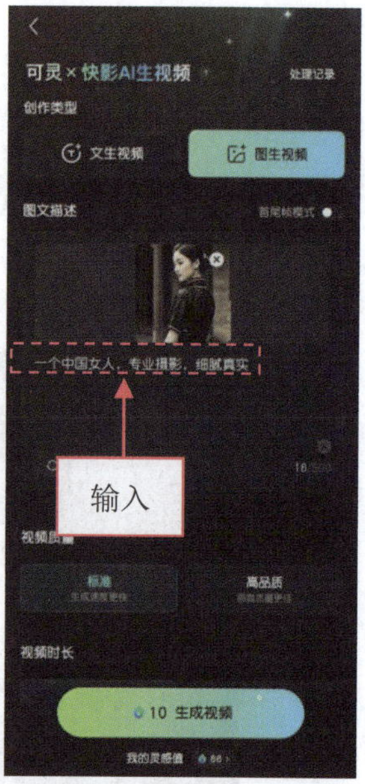

图 11-4　输入相关的提示词

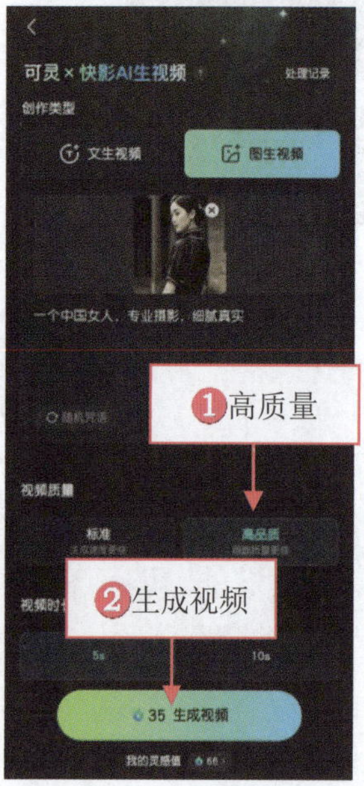

图 11-5　点击“生成视频”按钮

图 11-6　点击“预览”按钮

图 11-7　点击“去剪辑”按钮

11.1.2　添加背景音乐

添加背景音乐

音乐能够唤起人们的情感反应，通过添加合适的背景音乐，可以使视频更加生动、感人，让观众更容易产生共鸣，具体操作方法如下。

Step 01　进入快影 App 的视频剪辑界面，依次点击“音频”和“音乐”按钮，如图 11-8 所示，为视频添加背景音乐。

Step 02　进入“音乐库”界面，点击所需的音乐类型对应的按钮，如点击“轻音乐”按钮，如图 11-9 所示。

图 11-8　点击“音乐”按钮

图 11-9　点击“轻音乐”按钮

Step 03　进入“热门分类”的“轻音乐”选项卡，在其中选择合适的背景音乐，点击“使用”按钮，如图 11-10 所示，确认使用该背景音乐。

Step 04　执行操作后，如果音频轨道中出现对应的音频素材，就说明背景音乐添加成功了，如图 11-11 所示。

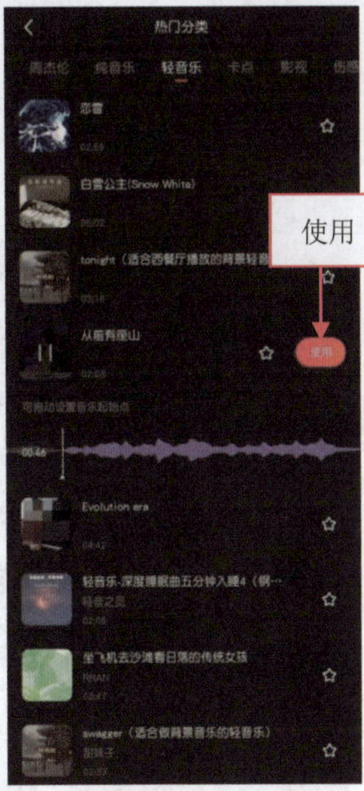

图 11-10　点击“使用”按钮

图 11-11　背景音乐添加成功

▶ 专家指点

使用可灵手机版制作好 AI 视频之后，如果用户对视频效果比较满意，可以单击视频剪辑界面中的“做好了”按钮，对视频的导出信息进行设置，将视频保存至手机相册中。

11.2 使用即梦 AI 制作产品营销视频

【效果展示】产品营销视频是一种利用视频媒介进行产品推广和销售的营销手段，它通过精心策划、制作和发布的视频内容，向目标消费者展示产品的特点、优势、使用方法等，以达到吸引消费者关注、提升品牌形象、促进产品销售的目的。在即梦 AI 平台中，用户可以借助“文本生视频”功能来制作产品营销视频，效果展示如图 11-12 所示。

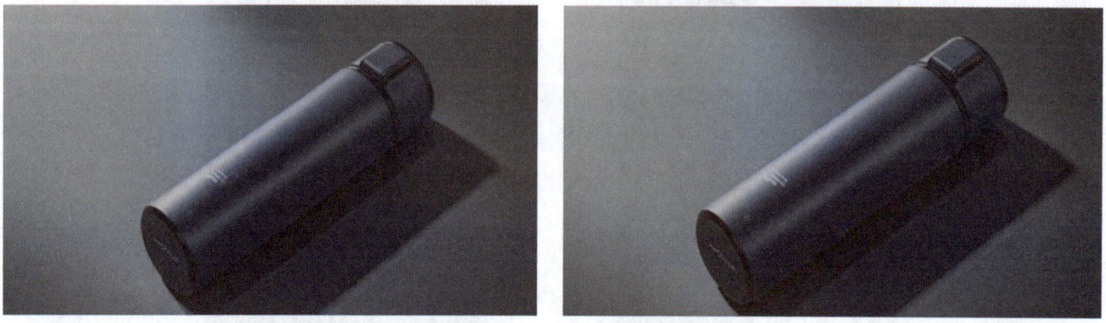

图 11-12 效果展示

11.2.1 生成视频效果

生成视频效果

使用即梦 AI 生成初步的视频效果，可以为后续的视频编辑和最终效果制作奠定基础，具体操作方法如下。

Step 01 进入“视频生成”页面，❶切换至“文本生视频”选项卡；❷输入相应的提示词内容，如图 11-13 所示。

Step 02 单击“运镜控制”下方的“随机运镜”按钮，在弹出的面板中，❶设置“推近”变焦，并设置“幅度”为“小”；❷单击“应用”按钮，如图 11-14 所示，设置视频的运镜方式。

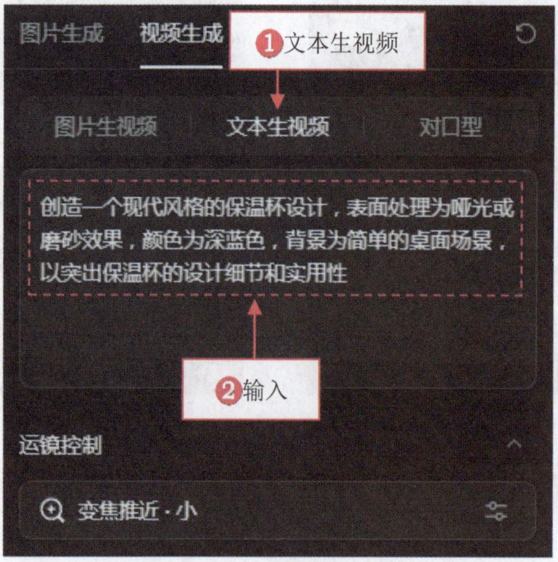

图 11-13 输入相应的提示词

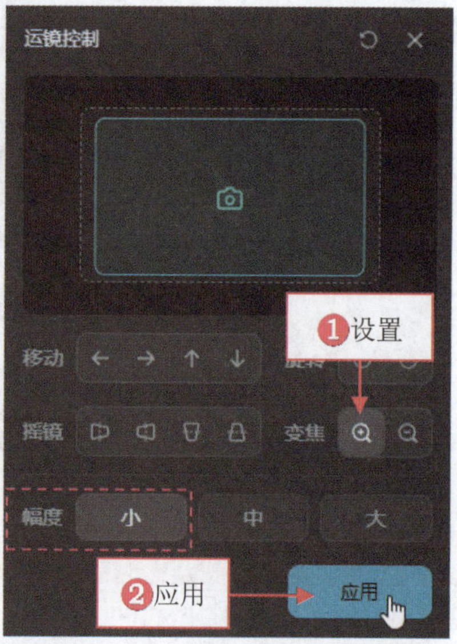

图 11-14 单击“应用”按钮

Step 03 根据自身需求设置视频的运动速度和比例，如设置“运动速度”为“适中”、“视频比例”为 16∶9，如图 11-15 所示，即可完成短视频生成信息的设置。

Step 04 单击“生成视频”按钮，系统会根据设置的信息生成短视频，并显示视频的生成进度，如图 11-16 所示。

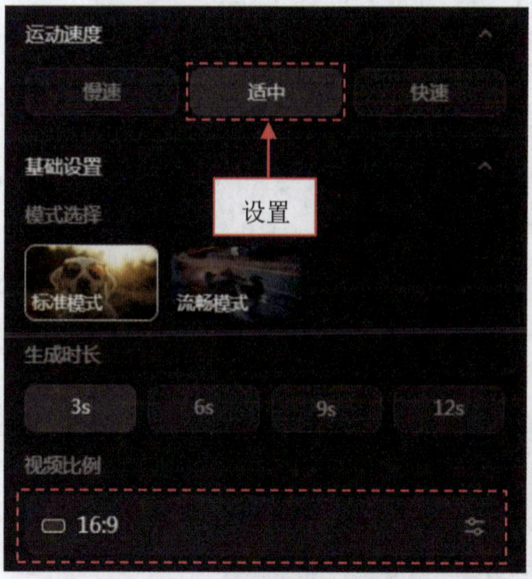

图 11-15 设置相应参数

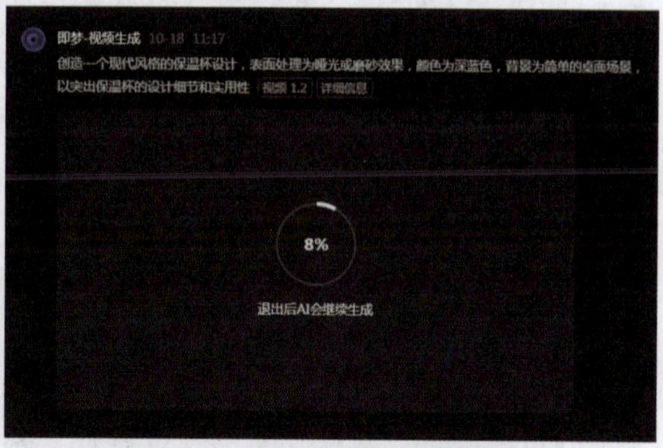

图 11-16 显示视频的生成进度

Step 05 稍等片刻，即可成功生成视频效果，用户可以单击对应视频右上角的按钮，如图 11-17 所示，对视频进行下载。

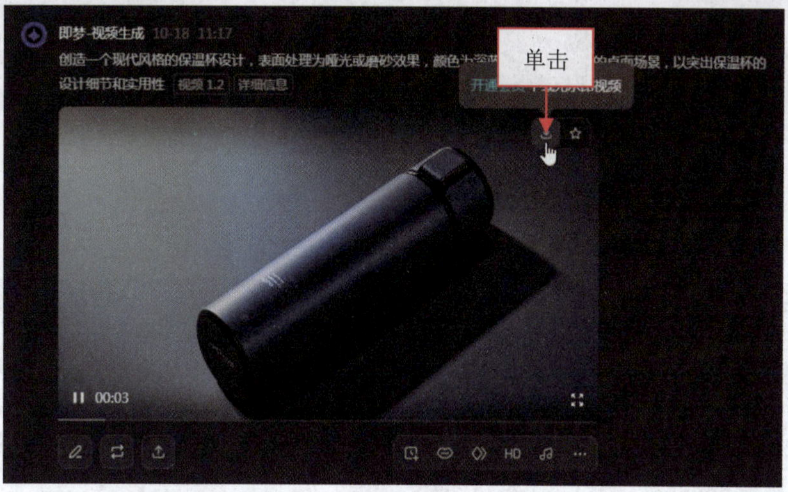

图 11-17 单击相应按钮

11.2.2 添加背景音乐

为视频添加背景音乐能够增强情感表达，营造氛围，吸引并保持观众的注意力，使内容更加引人入胜和记忆深刻。可以将即梦 AI 生成的视频导入至剪映中添加背景音乐，具体操作方法如下。

添加背景音乐

Step 01 将即梦 AI 生成的视频素材导入至剪映中，再将素材添加到视频轨道中，如图 11-18 所示。

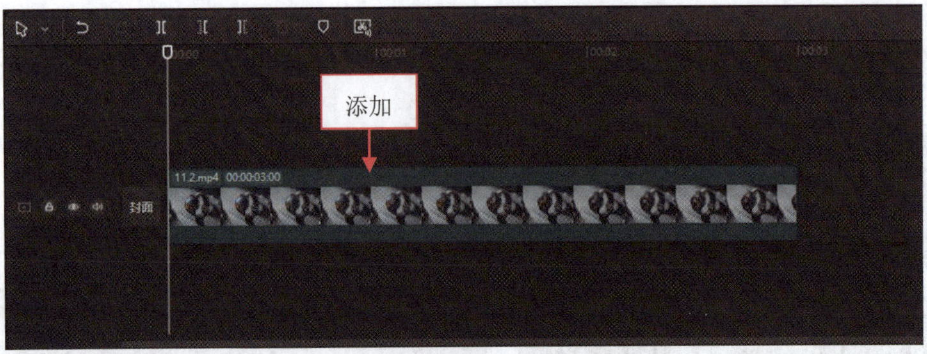

图 11-18　将素材添加到视频轨道中

Step 02 在“音频”功能区的“音乐素材”选项卡中，选择一首合适的音乐，单击“添加到轨道”按钮，如图 11-19 所示，即可给视频添加背景音乐。

图 11-19　单击“添加到轨道”按钮

Step 03 ❶将时间轴拖曳至视频的末尾处；❷选择背景音乐素材；❸单击“向右裁剪”按钮，如图 11-20 所示，即可裁剪多余的部分。

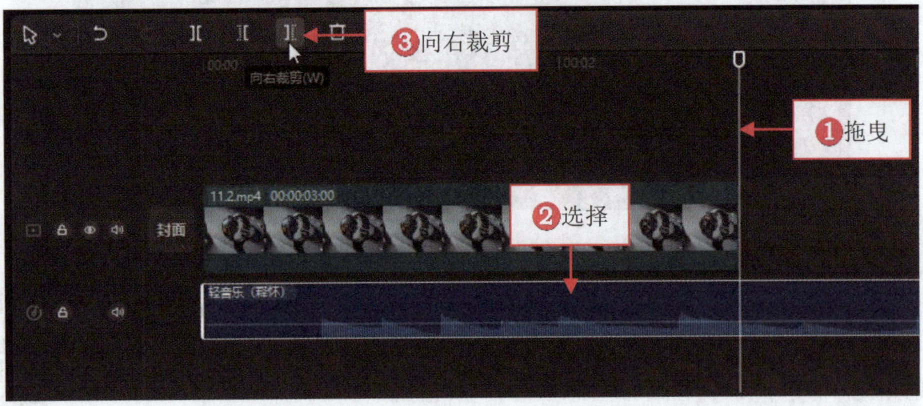

图 11-20　单击“向右裁剪”按钮

11.3　使用剪映制作旅行感悟视频

【效果展示】旅行感悟视频是通过记录旅行过程中的所见所闻、所感所悟，结合个人视角和情感表达，以视频形式呈现给观众的一种内容形式。本节将介绍使用剪映来生成旅行感悟视频的操作方法，效果展示如图 11-21 所示。

图 11-21　效果展示

11.3.1　生成视频文案

在“图文成片”界面中，用户可以让 AI 根据产品信息来创作视频文案。创作完成后，用户可以选择一篇比较满意的文案，并适当进行调整，从而优化文案效果。下面介绍生成视频文案的具体操作方法。

生成视频文案

Step 01　打开剪映电脑版，在首页单击“图文成片”按钮，如图 11-22 所示。

图 11-22　单击“图文成片”按钮

Step 02　弹出“图文成片”对话框，❶在该对话框中选择要编写的 AI 文案所属的类型；❷对 AI 文案的生成信息进行设置；❸单击“生成文案”按钮，如图 11-23 所示。

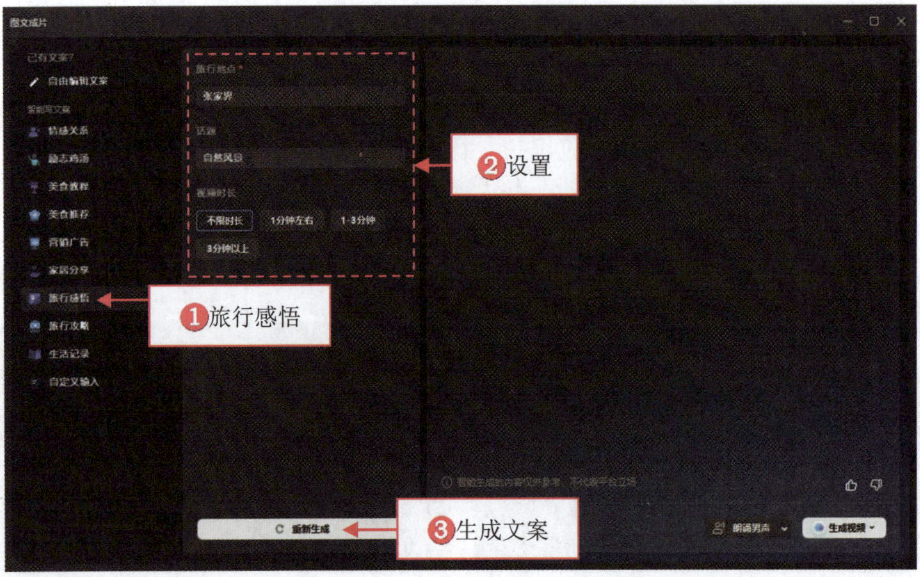

图 11-23　单击“生成文案”按钮

Step 03　执行操作后，系统会根据要求生成对应的 AI 文案，如图 11-24 所示。

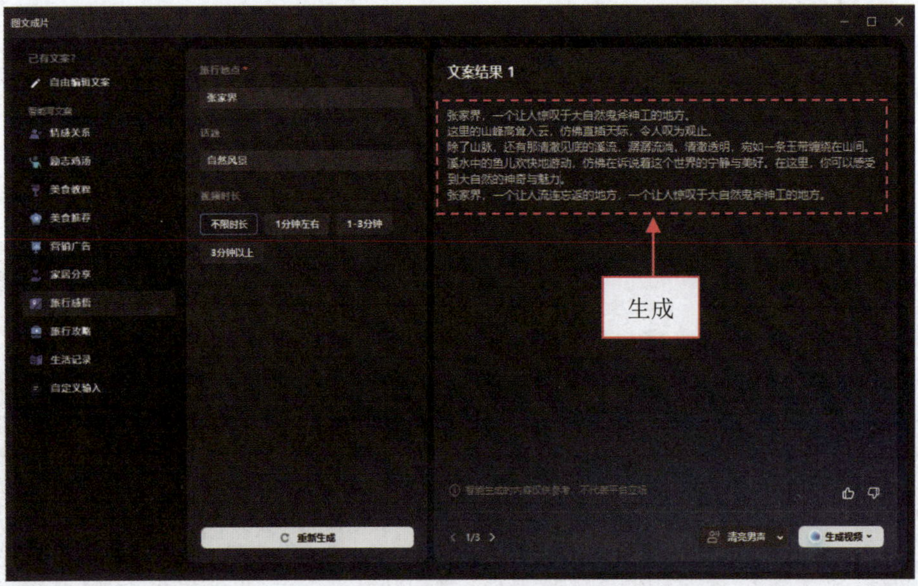

图 11-24　生成对应的 AI 文案

11.3.2　生成视频效果

在获得了产品的 AI 文案后，即可让剪映根据这段文案生成相应的视频效果。下面介绍生成视频效果的具体操作方法。

生成视频效果

Step 01　①单击“图文成片”对话框右下方的“生成视频”按钮；②在弹出的列表框中选择“智能匹配素材”选项，如图 11-25 所示。

Step 02　执行操作后，即可根据 AI 文案智能匹配素材，并生成视频的雏形，如图 11-26 所示。

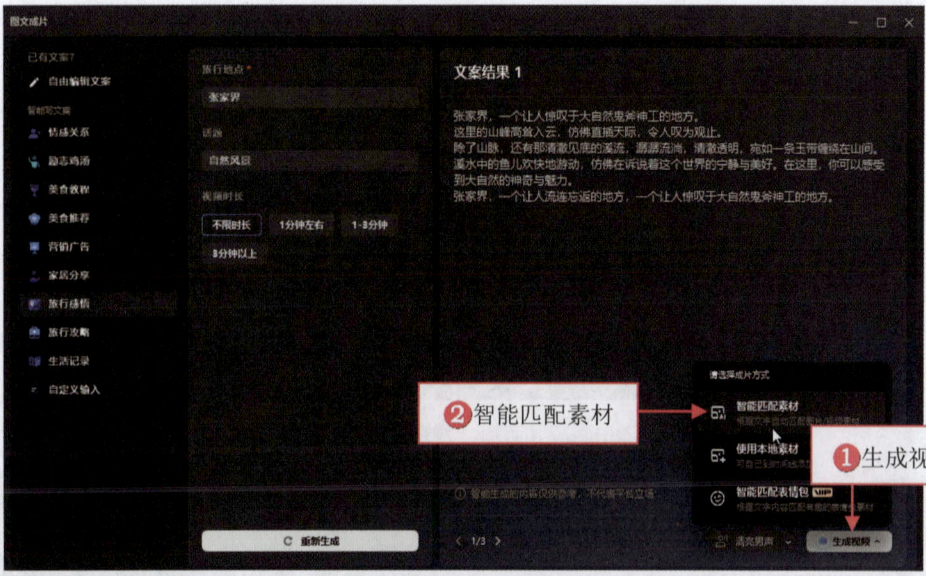

图 11-25　选择“智能匹配素材”选项

图 11-26　生成视频的雏形

11.3.3　替换视频素材

在生成了视频的雏形后，用户可以对不合适的视频素材进行替换。下面介绍替换视频素材的具体操作方法。

替换视频素材

Step 01　将鼠标定位在相应的素材上，单击鼠标右键，弹出快捷菜单，选择“替换片段”选项，如图 11-27 所示，将图文不太相符的素材替换掉。

Step 02　执行操作后，❶在弹出的“请选择媒体资源”对话框中选择相应的图片素材；❷单击“打开”按钮，如图 11-28 所示。

Step 03　弹出“替换”对话框，单击“替换片段”按钮，如图 11-29 所示。

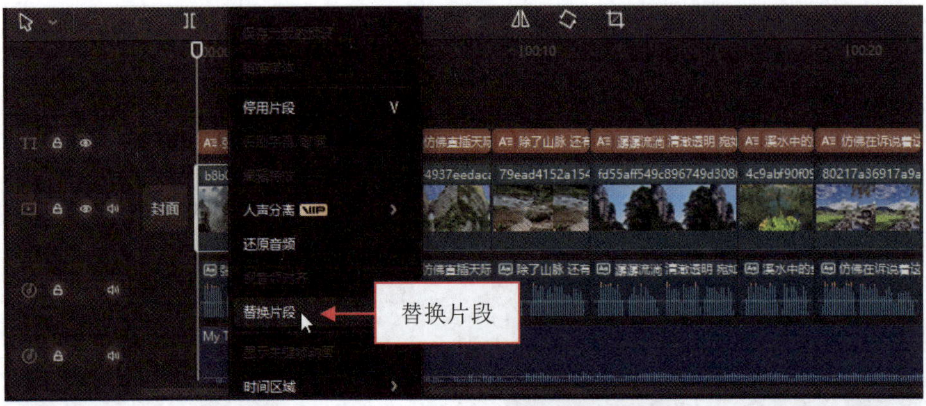

图 11-27　选择“替换片段”选项

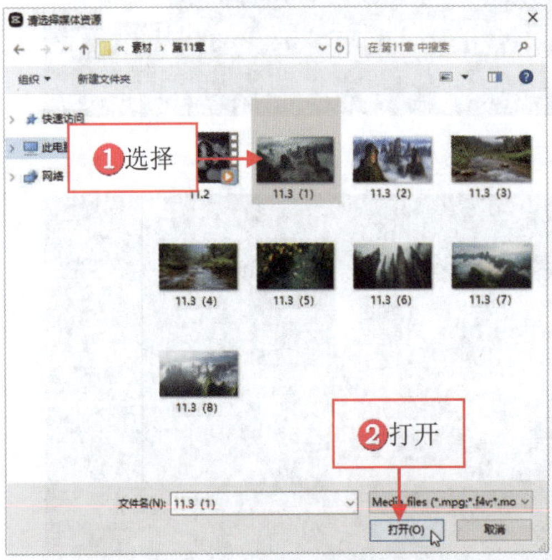

图 11-28　单击“打开”按钮

图 11-29　单击“替换片段”按钮

Step 04　执行操作后，即可将该图片素材替换到视频片段中，同时导入到“本地”选项卡中，如图 11-30 所示。

图 11-30　将图片素材替换到视频片段中

Step 05　运用同样的方法，将其他不合适的素材进行替换，效果如图 11-31 所示。

图 11-31　将其他不合适的素材进行替换

Step 06　单击操作界面右上方的“导出”按钮，如图 11-32 所示。

Step 07　弹出“导出”对话框，❶设置相应的视频信息；❷单击“导出”按钮，如图 11-33 所示，即可成功导出视频。

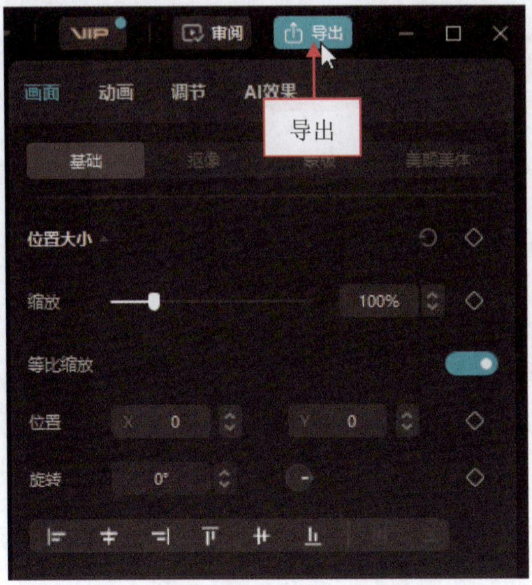

图 11-32　单击“导出”按钮（1）

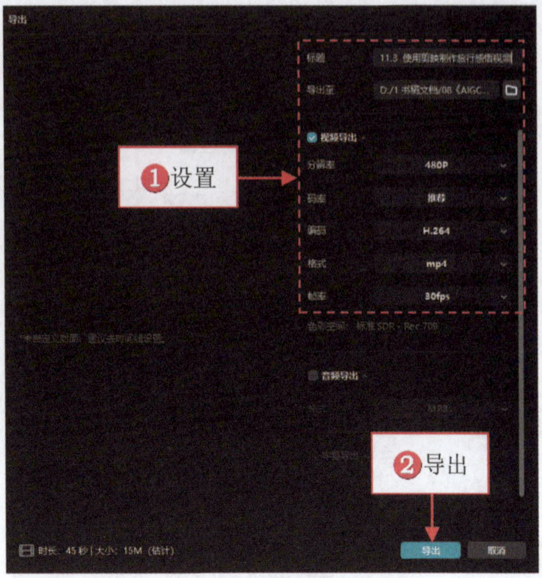

图 11-33　单击“导出”按钮（2）

11.4　使用腾讯智影制作动物摄影视频

【效果展示】动物摄影视频是通过捕捉和记录自然界中动物的行为、习性、生活环境及独特瞬间，运用专业的摄影技术和创意手法，结合视频编辑技巧，制作出的富有视觉冲击力与情感深度的动态影像作品。借助腾讯智影的“文章转视频”功能，用户可以快速生成动物摄影视频，效果展示如图 11-34 所示。

图 11-34　效果展示

11.4.1　生成视频效果

在腾讯智影中，只需要提供相应的提示词内容，就可以通过“文章转视频”功能快速生成想要的视频效果，具体的操作方法如下。

生成视频效果

Step 01　进入腾讯智影的“创作空间”页面，单击“文章转视频”按钮，如图 11-35 所示，进入“文章转视频”页面。

图 11-35　单击“文章转视频”按钮

Step 02　在文字窗口中输入相应的提示词，单击“成片类型”下方的相应按钮，如图 11-36 所示，设置视频的成片类型。

图 11-36　单击“成片类型”下方的相应按钮

Step 03 弹出“选择成片类型”面板，在“模糊匹配”选项卡中，❶选择“解压类视频”成片类型；❷单击“确定”按钮，如图 11-37 所示。

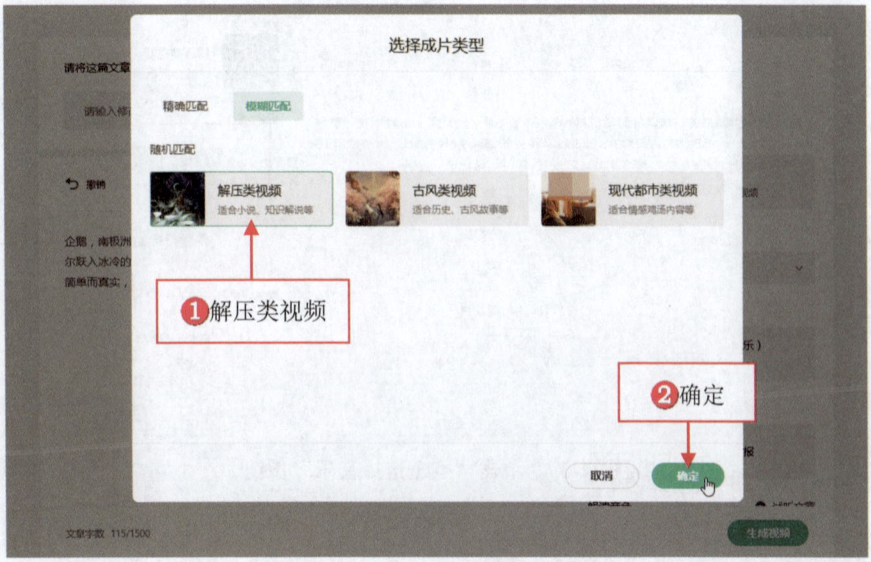

图 11-37　单击“确定”按钮

Step 04 设置“视频比例”为“横屏”，如图 11-38 所示，确保视频的生成尺寸。

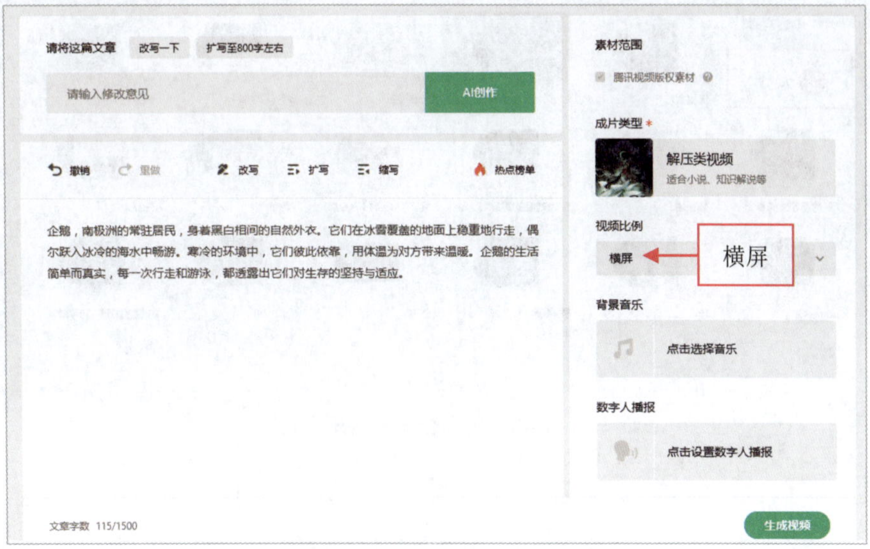

图 11-38　设置“视频比例”为“横屏”

Step 05 单击“背景音乐”下方的“点击选择音乐”按钮，如图 11-39 所示，给视频添加一段合适的背景音乐。

Step 06 弹出“背景音乐”面板，❶切换至“纯音乐”选项卡；❷在其中选择一个合适的音乐素材，如图 11-40 所示。

Step 07 弹出“背景音乐”对话框，单击右下角的“添加”按钮，如图 11-41 所示，即可添加该音乐素材作为背景音乐。

图 11-39　单击“点击选择音乐”按钮

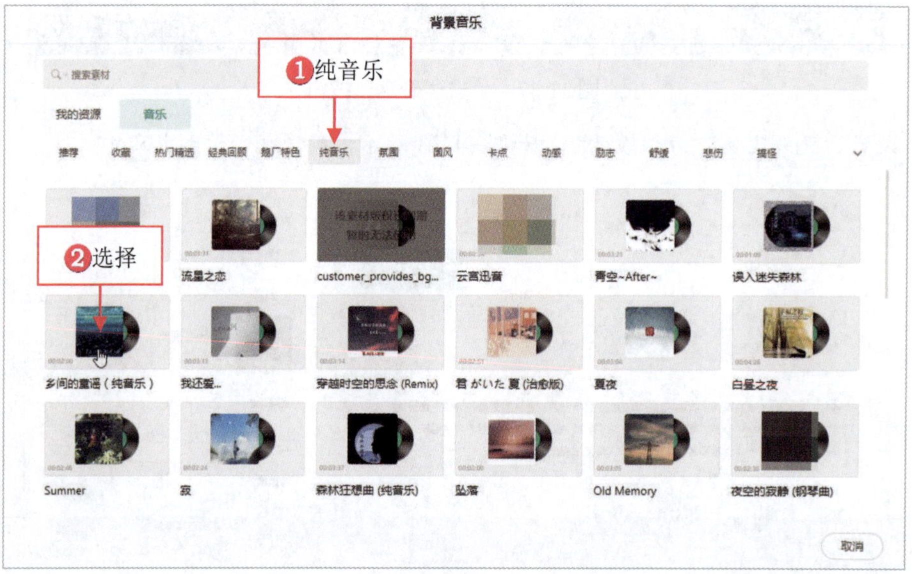

图 11-40　选择合适的音乐素材

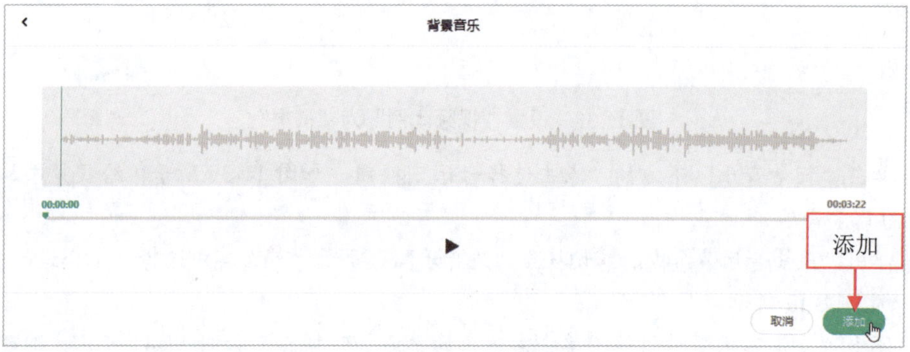

图 11-41　单击“添加”按钮

Step 08 单击“朗读音色”下方的相应按钮，如图 11-42 所示，给视频设置合适的朗读音色。

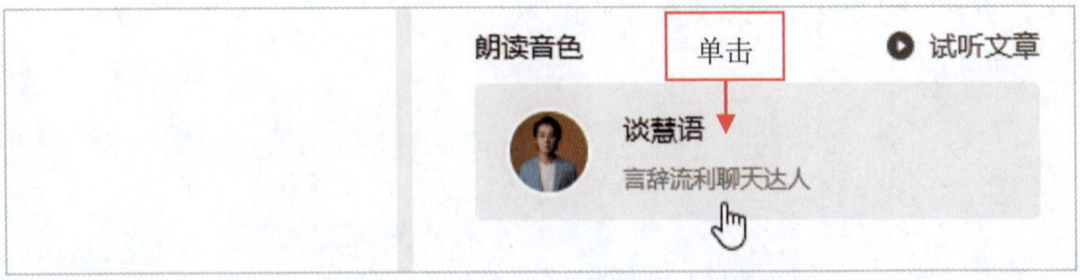

图 11-42 单击“朗读音色”下方的相应按钮

Step 09 弹出“朗读音色”面板，筛选合适的音色，如选择“云依”音色，如图 11-43 所示。

图 11-43 选择“云依”音色

Step 10 单击“确定”按钮，回到“文章转视频”页面，单击“生成视频”按钮，如图 11-44 所示。

图 11-44 单击“生成视频”按钮

Step 11 执行操作后，会弹出一个对话框，该对话框中会显示短视频剪辑生成的进度，如图 11-45 所示，用户只需等待短视频生成即可。

图 11-45　显示视频剪辑生成的进度

Step 12 稍等片刻，即可进入短视频编辑页面，可以看到视频的雏形，如图 11-46 所示。

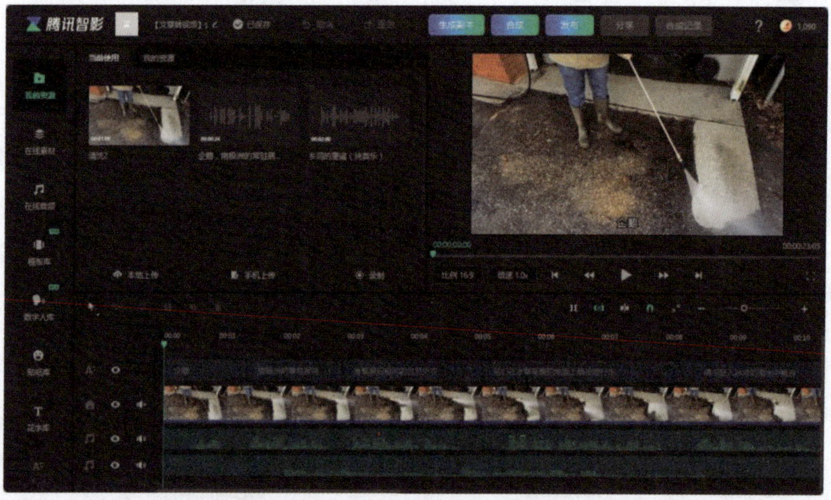

图 11-46　生成视频的雏形

11.4.2　优化视频效果

优化视频效果

在腾讯智影直接生成出来的视频中，匹配的素材可能不是很适合，这时候可以把这些素材替换掉，以此来优化视频效果，具体的操作方法如下。

Step 01 为了方便替换素材，用户需要先将视频进行分割。❶将时间轴拖曳至需要分割视频的位置；❷单击“分割”按钮▮▮，即可将视频进行分割，如图 11-47 所示。

Step 02 参照同样的操作，将视频的其他部分依次进行分割，如图 11-48 所示。

Step 03 在视频编辑页面中，❶切换至“我的资源”|“我的资源”选项卡；❷单击“本地上传”按钮，如图 11-49 所示，弹出“打开”对话框。

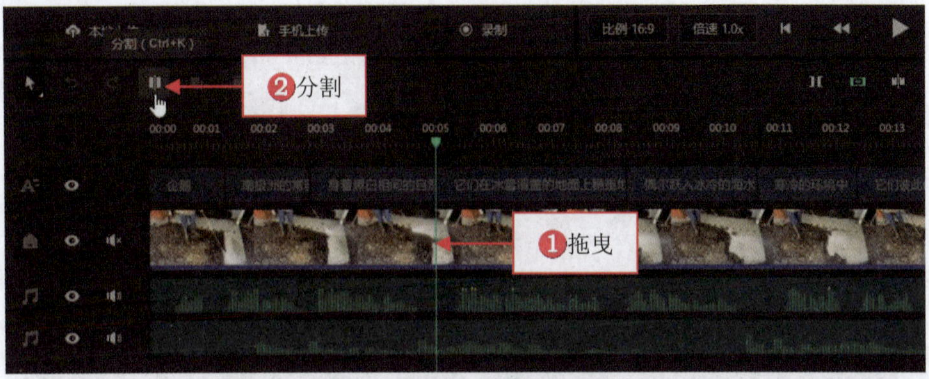

图 11-47　单击“分割”按钮

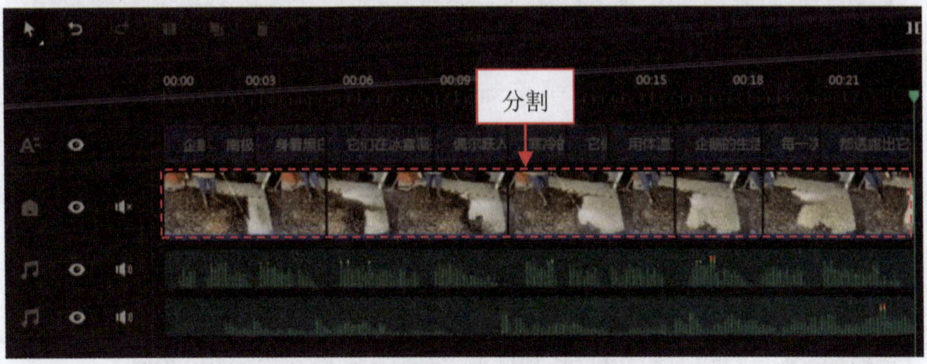

图 11-48　将视频的其他部分进行分割

Step04　①选择相应的素材；②单击“打开”按钮，如图 11-50 所示，即可将所有素材上传到“我的资源”选项卡中。

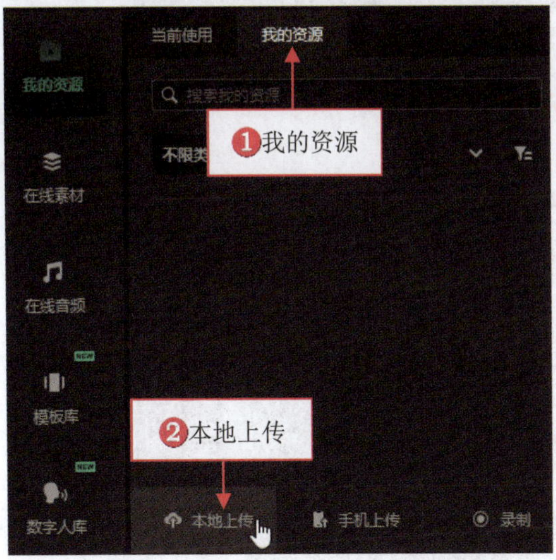

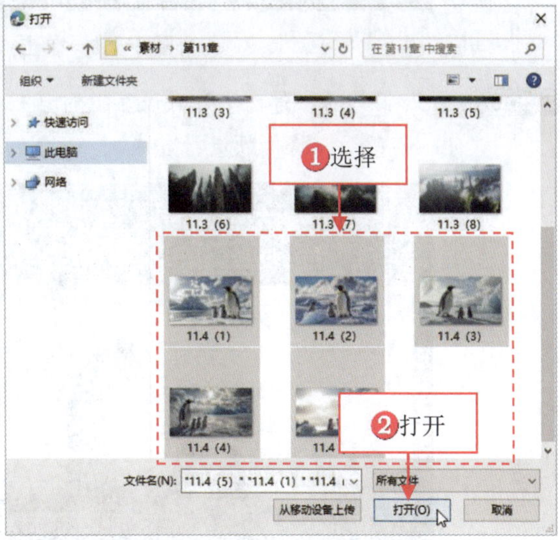

图 11-49　单击“本地上传”按钮　　　　图 11-50　单击“打开”按钮

Step05　单击第 1 段素材上的“替换素材”按钮，在“我的资源”选项卡中选择相应的素材，弹出“替换素材”面板，单击“替换”按钮，如图 11-51 所示，即可完成第 1 段素材的替换。

图 11-51 单击“替换”按钮

Step 06 用与上同样的方法，替换其他素材，然后单击页面上方的“合成”按钮，如图 11-52 所示。

图 11-52 单击“合成”按钮（1）

Step 07 执行操作后，弹出“合成设置”对话框，❶输入相应的名称；❷单击“合成”按钮，如图 11-53 所示，将视频进行合成。

图 11-53 单击“合成”按钮（2）

Step 08　执行操作后，进入“我的资源”页面，在合成好的视频预览图上，单击⬇按钮，如图 11-54 所示，即可保存视频。

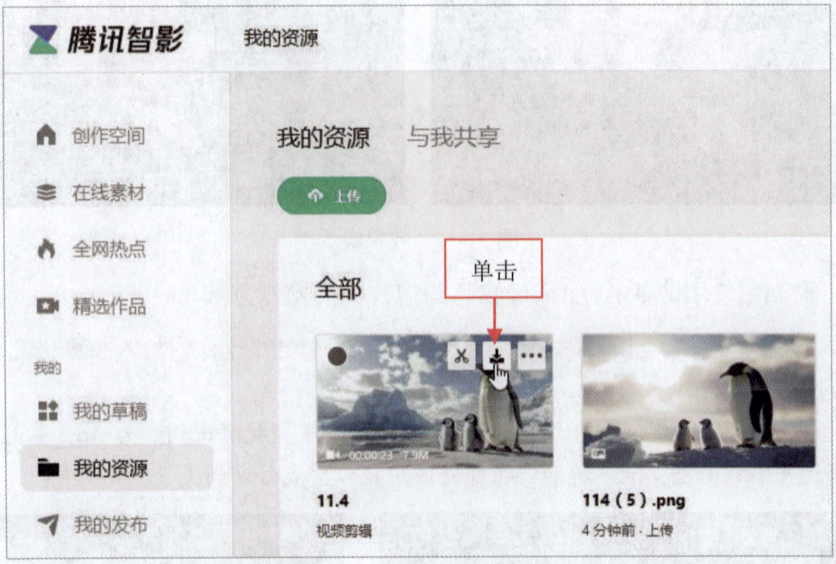

图 11-54　单击相应按钮

本章小结

本章主要介绍了 AI 短视频的实战案例。首先介绍了使用可灵 AI 制作老照片变视频的案例，包括生成视频效果和添加背景音乐等操作；其次介绍了使用即梦 AI 制作产品营销视频的案例，包括生成视频效果和添加背景音乐；再次介绍了使用剪映制作旅行感悟视频，包括生成视频文案、生成视频效果以及替换视频素材；最后介绍了使用腾讯智影制作动物摄影视频，包括生成视频效果和优化视频效果。通过本章的学习，读者应能掌握在不同的场景中如何运用 AI 短视频技术。

课后实训

课后实训

鉴于本章知识的重要性，为了更好地掌握所学知识，将通过课后实训帮助读者进行简单的知识回顾和补充。

问题：静物特写短视频是一种通过近距离、高清晰度的拍摄手法，聚焦于静态物体或场景，展现其独特细节、质感、色彩或构图的视频形式。在即梦 AI 平台中，用户可以借助“文本生视频”功能来生成该视频，效果展示如图 11-55 所示。

图 11-55　效果展示

回答：下面介绍使用即梦 AI 生成静物特写短视频的操作方法。

Step 01　进入“视频生成”页面，❶切换至“文本生视频”选项卡；❷输入相应的提示词内容，如图 11-56 所示。

Step 02　根据自身需求设置视频的比例和运动速度，如设置“视频比例”为 16∶9、“运动速度”为“适中”，如图 11-57 所示，即可完成短视频生成信息的设置。

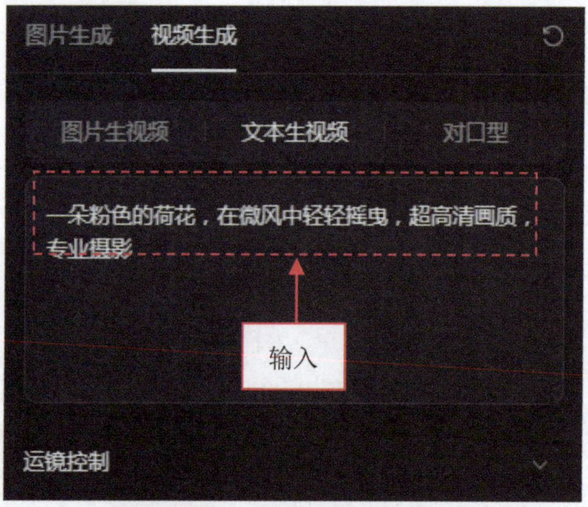

图 11-56　输入相应的提示词

图 11-57　设置相应参数

Step 03　单击“生成视频”按钮，系统会根据设置的信息生成短视频，效果如图 11-58 所示。

图 11-58　生成视频效果